U0295675

国家出版基金项目
NATIONAL PUBLICATION FOUNDATION

ARJ21新支线飞机技术系列

主编 郭博智 陈 勇

支线飞机环控系统研发与验证

Environment Control System Design and
Verification of Regional Aircraft

辛旭东 李革萍 王大伟 等 编著

上海交通大学 出版社
SHANGHAI JIAO TONG UNIVERSITY PRESS

大飞机读者俱乐部

内容提要

　　本书重点介绍了 ARJ21 - 700 飞机环控系统相关设计研发及验证工作,主要包括空调系统、压调系统、防冰除雨系统、氧气系统、气源系统和水/废水系统。本书共分为七章,除了第一章绪论外,环控各系统独立成章。本书有助于帮助广大读者了解 ARJ21 - 700 飞机环控系统的研制和验证过程。

图书在版编目(CIP)数据

支线飞机环控系统研发与验证/ 辛旭东等编著. —
上海:上海交通大学出版社,2017
(大飞机出版工程)
ISBN 978 - 7 - 313 - 18551 - 8

Ⅰ.①支…　Ⅱ.①辛…　Ⅲ.①飞机-动力装置-设计
Ⅳ.①V228

中国版本图书馆 CIP 数据核字(2017)第 307720 号

支线飞机环控系统研发与验证

编　　著:辛旭东　李革萍　王大伟 等
出版发行:上海交通大学出版社　　　　　　　　地　　址:上海市番禺路 951 号
邮政编码:200030　　　　　　　　　　　　　　电　　话:021 - 64071208
出 版 人:谈　毅
印　　制:上海万卷印刷股份有限公司　　　　　经　　销:全国新华书店
开　　本:710 mm×1000 mm　1/16　　　　　　印　　张:13. 75
字　　数:265 千字
版　　次:2017 年 12 月第 1 版　　　　　　　　印　　次:2017 年 12 月第 1 次印刷
书　　号:ISBN 978 - 7 - 313 - 18551 - 8/ V
定　　价:125. 00 元

大飞机出版工程

丛书编委会

总主编

顾诵芬（中国航空工业集团公司科技委原副主任、中国科学院和中国工程院院士）

副总主编

贺东风（中国商用飞机有限责任公司董事长）

林忠钦（上海交通大学校长、中国工程院院士）

编委会（按姓氏笔画排序）

王礼恒（中国航天科技集团公司科技委主任、中国工程院院士）

王宗光（上海交通大学原党委书记、教授）

刘　洪（上海交通大学航空航天学院副院长、教授）

任　和（中国商飞上海飞机客户服务公司副总工程师、教授）

李　明（中国航空工业集团沈阳飞机设计研究所科技委委员、中国工程院院士）

吴光辉（中国商用飞机有限责任公司副总经理、总设计师、中国工程院院士）

汪　海（上海市航空材料与结构检测中心主任、研究员）

张卫红（西北工业大学副校长、教授）

张新国（中国航空工业集团副总经理、研究员）

陈　勇（中国商用飞机有限责任公司工程总师、ARJ21飞机总设计师、研究员）

陈迎春（中国商用飞机有限责任公司CR929飞机总设计师、研究员）

陈宗基（北京航空航天大学自动化科学与电气工程学院教授）

陈懋章（北京航空航天大学能源与动力工程学院教授、中国工程院院士）

金德琨（中国航空工业集团公司原科技委委员、研究员）

赵越让（中国商用飞机有限责任公司总经理、研究员）

姜丽萍（中国商用飞机有限责任公司制造总师、研究员）

曹春晓（中国航空工业集团北京航空材料研究院研究员、中国工程院院士）

敬忠良（上海交通大学航空航天学院常务副院长、教授）

傅　山（上海交通大学电子信息与电气工程学院研究员）

ARJ21新支线飞机技术系列

编　委　会

顾　问

赵越让（中国商用飞机有限责任公司总经理、研究员）

罗荣怀（中国商用飞机有限责任公司原副总经理、研究员）

吴光辉（中国商用飞机有限责任公司副总经理、中国工程院院士）

主　编

郭博智（中国商用飞机有限责任公司副总经理、ARJ21项目原副总指挥、研究员）

陈　勇（中国商用飞机有限责任公司工程总师、ARJ21项目总设计师、研究员）

副主编

谢灿军（中国商用飞机有限责任公司ARJ21项目办公室主任、研究员）

李　玲（中国商飞上海飞机客户服务有限公司总经理、原上海飞机设计研究院项目行政指挥、研究员）

编　委

刘乾西（中航商用飞机有限责任公司原副总经理、研究员）

徐庆宏（中国商用飞机有限责任公司科技委副主任、研究员）

田剑波（中国商飞上海飞机设计研究院ARJ21项目副总设计师、研究员）

常　红（中国商飞上海飞机设计研究院ARJ21项目副总设计师、研究员）

赵克良（中国商飞上海飞机设计研究院ARJ21项目副总设计师、研究员）

修忠信（中国商飞上海飞机设计研究院ARJ21项目副总设计师、研究员）

朱广荣（中国商飞上海飞机设计研究院ARJ21项目副总设计师、研究员）

吕　军（中国商飞上海飞机设计研究院ARJ21项目副总设计师、研究员）

赵春玲（中国商飞上海飞机设计研究院ARJ21项目副总设计师、研究员）

辛旭东（中国商飞上海飞机设计研究院ARJ21项目副总设计师、研究员）

徐有成（中国商飞上海飞机设计研究院ARJ21项目副总设计师、研究员）

柏文华（中国商飞上海飞机客户服务有限公司ARJ21项目副总设计师、研究员）

尹力坚（中国商飞上海飞机制造有限公司ARJ21型号总工程师、研究员）

王　飞（中国商飞上海飞机设计研究院院长助理、ARJ21工程管理办公室主任、研究员）

任　和（中国商飞上海飞机客户服务有限公司副总工程师、教授）

叶群峰（中国商飞上海飞机设计研究院ARJ21工程管理办公室副主任、高级工程师）

总　序

　　国务院在 2007 年 2 月底批准了大型飞机研制重大科技专项正式立项,得到全国上下各方面的关注。"大型飞机"工程项目作为创新型国家的标志工程重新燃起我们国家和人民共同承载着"航空报国梦"的巨大热情。对于所有从事航空事业的工作者,这是历史赋予的使命和挑战。

　　1903 年 12 月 17 日,美国莱特兄弟制作的世界第一架有动力、可操纵、比重大于空气的载人飞行器试飞成功,标志着人类飞行的梦想变成了现实。飞机作为 20 世纪最重大的科技成果之一,是人类科技创新能力与工业化生产形式相结合的产物,也是现代科学技术的集大成者。军事和民生的需求促进了飞机迅速而不间断的发展和应用,体现了当代科学技术的最新成果;而航空领域的持续探索和不断创新,也为诸多学科的发展和相关技术的突破提供了强劲动力。航空工业已经成为知识密集、技术密集、高附加值、低消耗的产业。

　　从大型飞机工程项目开始论证到确定为《国家中长期科学和技术发展规划纲要》的十六个重大专项之一,直至立项通过,不仅使全国上下重视我国自主航空事业,而且使我们的人民、政府理解了我国航空事业半个多世纪发展的艰辛和成绩。大型飞机重大专项正式立项和启动使我们的民用航空进入新纪元。经过 50 多年的风雨历程,当今中国的航空工业已经步入了科学、理性的发展轨道。大型客机项目产业链长、辐射面宽、对国家综合实力带动性强,在国民经济发展和科学技术进步中发挥着重要作用,我国的航空工业迎来了新的发展机遇。

　　大型飞机的研制承载着中国几代航空人的梦想,在 2016 年造出与波音公司

B737 和空客公司 A320 改进型一样先进的"国产大飞机"已经成为每个航空人心中奋斗的目标。然而,大型飞机覆盖了机械、电子、材料、冶金、仪器仪表、化工等几乎所有工业门类,集成数学、空气动力学、材料学、人机工程学、自动控制学等多种学科,是一个复杂的科技创新系统。为了迎接新形势下理论、技术和工程等方面的严峻挑战,迫切需要引入、借鉴国外的优秀出版物和数据资料,总结、巩固我们的经验和成果,编著一套以"大飞机"为主题的丛书,借以推动服务"大飞机"作为推动服务整个航空科学的切入点,同时对于促进我国航空事业的发展和加快航空紧缺人才的培养,具有十分重要的现实意义和深远的历史意义。

2008 年 5 月,中国商用飞机有限公司成立之初,上海交通大学出版社就开始酝酿"大飞机出版工程",这是一项非常适合"大飞机"研制工作时宜的事业。新中国第一位飞机设计宗师——徐舜寿同志在领导我们研制中国第一架喷气式歼击教练机——歼教 1 时,亲自撰写了《飞机性能及算法》,及时编译了第一部《英汉航空工程名词字典》,翻译出版了《飞机构造学》《飞机强度学》,从理论上保证了我们的飞机研制工作。我本人作为航空事业发展 50 多年的见证人,欣然接受上海交通大学出版社的邀请担任该丛书的主编,希望为我国的"大飞机"研制发展出一份力。出版社同时也邀请了王礼恒院士、金德琨研究员、吴光辉总设计师、陈迎春副总设计师等航空领域专家撰写专著、精选书目,承担翻译、审校等工作,以确保这套"大飞机"丛书具有高品质和重大的社会价值,为我国的大飞机研制以及学科发展提供参考和智力支持。

编著这套丛书,一是总结整理 50 多年来航空科学技术的重要成果及宝贵经验;二是优化航空专业技术教材体系,为飞机设计技术人员的培养提供一套系统、全面的教科书,满足人才培养对教材的迫切需求;三是为大飞机研制提供有力的技术保障;四是将许多专家、教授、学者广博的学识见解和丰富的实践经验总结继承下来,旨在从系统性、完整性和实用性角度出发,把丰富的实践经验进一步理论化、科学化,形成具有我国特色的"大飞机"理论与实践相结合的知识体系。

"大飞机出版工程"丛书主要涵盖了总体气动、航空发动机、结构强度、航电、制造等专业方向,知识领域覆盖我国国产大飞机的关键技术。图书类别分为译著、专著、教材、工具书等几个模块;其内容既包括领域内专家们最先进的理论方法和技术成果，也包括来自飞机设计第一线的理论和实践成果。如：2009 年出版的荷兰原福克飞机公司总师撰写的 *Aerodynamic Design of Transport Aircraft*（《运输类飞机的空气动力设计》）；由美国堪萨斯大学 2008 年出版的 *Aircraft Propulsion*（《飞机推进》）等国外最新科技的结晶；国内《民用飞机总体设计》等总体阐述之作和《涡量动力学》《民用飞机气动设计》等专业细分的著作；也有《民机设计 1 000 问》《英汉航空缩略语词典》等工具类图书。

该套图书得到国家出版基金资助，体现了国家对"大型飞机"项目以及"大飞机出版工程"这套丛书的高度重视。这套丛书承担着记载与弘扬科技成就、积累和传播科技知识的使命，凝结了国内外航空领域专业人士的智慧和成果，具有较强的系统性、完整性、实用性和技术前瞻性，既可作为实际工作指导用书，亦可作为相关专业人员的学习参考用书。期望这套丛书能够有益于航空领域里人才的培养，有益于航空工业的发展，有益于大飞机的成功研制。同时，希望能为大飞机工程吸引更多的读者来关心航空、支持航空和热爱航空，并投身于中国航空事业做出一点贡献。

2009 年 12 月 15 日

序

民用飞机产业是大国的战略性产业。民用客机作为一款高附加值的商品,是拉动国家经济发展的重要力量,是体现大国经济和科技实力的重要名片,在产业和科技上具有强大的带动作用。

自新中国成立以来,中国民机产业先后成功地研制了 Y-7 系列涡桨支线客机和 Y-12 系列涡桨小型客机等民用飞机。在民用喷气客机领域,曾经在 20 世纪 70 年代自行研制了运-10 飞机,国际合作论证了 MPC-75、AE-100 等民用客机,合作生产了 MD-80 和 MD-90 飞机。民机制造业转包生产国外民机部件,但始终没有成功研制一款投入商业运营的民用喷气客机。

支线航空发展迫在眉睫。2002 年 2 月,国务院决定专攻支线飞机,按照市场机制发展民机,并于 11 月 17 日启动 ARJ21 新支线飞机项目,意为"面向 21 世纪的先进涡扇支线飞机(Advanced Regional Jet for the 21st Century)"。从此,中国民机产业走上了市场机制下的自主创新之路。

ARJ21 作为我国民机历史上第一款按照国际通用适航标准全新研制的民用客机,承担着中国民机产业先行者和探路人的角色。跨越十五年的研制、取证和交付运营过程,经历的每一个研制阶段,解决的每一个设计、试验和试飞技术问题,都是一次全新的探索。经过十五年的摸索实践,ARJ21 按照民用飞机的市场定位打通了全新研制、适航取证、批量生产和客户服务的全业务流程,突破并积累了喷气客机全寿命的研发技术、适航技术和客户服务技术,建立了中国民机产业技术体系和产业链,为后续大型客机的研制打下了坚实的基础。

习近平总书记考察中国商飞公司时要求改变"造不如买、买不如租"的逻辑,坚持民机制造事业"不以难易论进退",在 ARJ21 取证后要求"继续弘扬航空报国精神,总结经验、迎难而上"。马凯副总理 2014 年 12 月 30 日考察 ARJ21 飞机时,指出,"要把 ARJ21 新支线飞机项目研制和审定经验作为一笔宝贵财富认真总结推广"。工信部副部长苏波指出:"要认真总结经验教训,做好积累,形成规范和手册,指导 C919 和后续大型民用飞机的发展。"

编著这套书,一是经验总结,总结整理 2002 年以来 ARJ21 飞机研制历程中设计、取证和交付各阶段开创性的重要成果及宝贵经验;二是技术传承,将民机研发技术专家、教授、学者广博的学识见解和丰富的实践经验总结继承下来,把丰富的实践经验进一步理论化、科学化,形成具有我国特色的民机理论与实践相结合的知识体系,为飞机设计技术人员提供参考和学习的材料;三是指导保障,为大飞机研制提供有力的技术保障。

丛书主要包括了项目研制历程、研制技术体系、研制关键技术、市场研究技术、适航技术、运行支持系统、关键系统研制和取证技术、试飞取证技术等分册的内容。本丛书结合了 ARJ21 的研制和发展,探讨了支线飞机市场技术要求、政府监管和适航条例、飞机总体、结构和系统关键技术、客户服务体系、研发工具和流程等方面的内容。由于民用飞机适航和运营要求是统一的标准,在技术上具有高度的相似性和相关性,因此 ARJ21 在飞机研发技术、适航验证和运营符合性等方面取得的经验,可以直接应用于后续的民用飞机研制。

ARJ21 新支线飞机的研制过程是对中国民机产业发展道路成功的探索,不仅开发出一个型号,而且成功地锤炼了研制队伍。参与本套丛书撰写的专家均是 ARJ21 研制团队的核心人员,在 ARJ21 新支线飞机的研制过程中积累了丰富且宝贵的实践经验和科研成果。丛书的撰写是对研制成果和实践经验的一次阶段性的梳理和提炼。

ARJ21 交付运营后,在飞机的持续适航、可靠性、使用维护和经济性等方面,继续经受着市场和客户的双重考验,并且与国际主流民用飞机开始同台竞技,因此需要针对运营中间发现的问题进行持续改进,最终把 ARJ21 飞机打造成为一款航空公司愿意用、飞行员愿意飞、旅客愿意坐的精品。

　　ARJ21 是"中国大飞机事业万里长征的第一步"，通过 ARJ21 的探索和积累，中国的民机产业会进入一条快车道，在不远的将来，中国民机将成为彰显中国实力的新名片。ARJ21 将继续肩负着的三大历史使命前行，一是作为中国民机产业的探路者，为中国民机产业探索全寿命、全业务和全产业的经验；二是建立和完善民机适航体系，包括初始适航、批产及证后管理、持续适航和运营支持体系等，通过中美适航当局审查，建立中美在 FAR/CCAR - 25 部大型客机的适航双边，最终取得 FAA 适航证；三是打造一款具有国际竞争力的喷气支线客机，填补国内空白，实现技术成功、市场成功、商业成功。

　　这套丛书获得 2017 年度国家出版基金的支持，表明了国家对"ARJ21 新支线飞机"的高度重视。这套书作为上海交通大学出版社"大飞机出版工程"的一部分，希望该套图书的出版能够达到预期的编著目标。在此，我代表编委会衷心感谢直接或间接参与本系列图书撰写和审校工作的专家和学者，衷心感谢为此套丛书默默耕耘三年之久的上海交通大学出版社"大飞机出版工程"项目组，希望本系列图书能为我国在研型号和后续型号的研制提供智力支持和文献参考！

ARJ21 总设计师

2017 年 9 月

前　言

　　ARJ21-700支线客机是我国自主设计、自主研发、具有独立自主知识产权的喷气支线飞机。2014年12月30日，中国民航总局(CAAC)向中国商飞公司颁发ARJ21-700飞机型号合格证(TC证)。这标志着我国首款按照国际标准自主研制的喷气支线客机通过中国民航局适航审定，符合《中国民用航空规章》第25部《运输类飞机适航标准》(CCAR-25部)要求，具备可接受的安全水平，可以参与民用航空运输活动。同时，也向世界宣告我国拥有了第一款可以进入航线运营的喷气式客机，并具备了喷气式民用运输类飞机的研制能力和适航审定能力。ARJ21-700飞机取得型号合格证是我国航空工业的又一重大里程碑。

　　本书重点介绍了ARJ21-700飞机环控系统相关设计研发及验证工作，主要包括：空调系统、压调系统、防冰除雨系统、氧气系统、气源系统和水/废水系统。本书共分为八章，除了第一章绪论和最后一章总结，环控各系统独立成章。

　　参加本书编制的各专业人员如下：空调系统部分由程继红、肖晓劲、杨智、汪光文、吴成云、闫旭东、袁建新、孙学德、牛越、薛战东、左泽轩、江娜、况薇、吴丹、郭天鹏、张聪笑、胡祥龙、曹祎撰写；压调系统部分由林石泉、及运达、李力涛、赵亚飞、刘华源撰写；防冰系统由霍西恒、谭正文、白穆、李志茂、徐佳佳、史献林、白斌撰写；氧气系统由李岚、汤旭、刘斌慧、刘晨俊、霍立琴、黄晶琪、雷鸣俊撰写；气源系统由黄晓聃、杜楠楠、陈彬、王重、刘超、彭丹祺撰写；水/废水系统由肖世旭、马岩、雷美玲、史重撰写。

　　在此，对上述各位参与编制人员的辛勤付出表示衷心的感谢。

　　由于时间和水平有限，本书可能存在不足之处，敬请读者批评和指正，有待在后续工作中完善。希冀本书能帮助广大读者了解ARJ21-700飞机环控系统的研制和验证过程。

目　　录

1　绪论　1

2　空调系统　4

2.1　系统简介　4

2.2　专业研制文件依据　4

2.3　研制过程技术工作概述　7

2.4　试验试飞　10

　　2.4.1　热天试验试飞　10

　　2.4.2　冷天试验试飞　14

2.5　重要技术问题　18

　　2.5.1　驾驶舱冷却能力不足以及空气分配再设计　18

　　2.5.2　低压管路泄漏问题　19

　　2.5.3　CCAR-25.831(g)符合性验证　20

　　2.5.4　电子设备通风风扇(AVFAN)排放　21

　　2.5.5　舱内噪声指标偏离问题　22

2.6　技术管理工作　23

　　2.6.1　自主设计的"主制造商-供应商"模式　23

　　2.6.2　积极主动的"MOM-ECM-Email"模式　23

2.7　科技成果、专利　23

2.8　相似机型的对比研究　24

　　2.8.1　波音飞机空调系统介绍　24

　　2.8.2　空客系列飞机　34

3　压调系统　51

3.1　系统简介　51

　　3.1.1　特点和设计要求　52

　　　　3.1.2　关键技术　52

　　　　3.1.3　技术创新　53

　　3.2　专业研制文件依据　53

　　3.3　研制过程技术工作　55

　　3.4　试验试飞　57

　　　　3.4.1　试验试飞技术方案及内容　57

　　　　3.4.2　试验试飞技术途径以及关键技术　58

　　　　3.4.3　试验技术管理、技术方法经验教训及建议　58

　　　　3.4.4　小结　59

　　3.5　重要技术问题　59

　　　　3.5.1　地面预增压功能异常　59

　　　　3.5.2　安全活门维修信息虚警　60

　　　　3.5.3　压力平衡阀设备鉴定　60

　　　　3.5.4　排气活门加网防止动物侵入　60

　　　　3.5.5　负压差试飞重飞　61

　　　　3.5.6　25.841(a)(2)(i)条款豁免　61

　　3.6　技术管理工作　61

　　3.7　科技成果、专利　61

　　　　3.7.1　民用飞机CCAR‐25.841(a)(2)条款的符合性验证方法　62

　　　　3.7.2　民用飞机压调系统仿真及应用　62

　　3.8　相似机型的对比研究　62

4　防冰除雨系统　64

　　4.1　民机防冰除雨系统简介　64

　　　　4.1.1　机翼防冰系统　64

　　　　4.1.2　短舱防冰系统　67

　　　　4.1.3　结冰探测系统　67

　　　　4.1.4　风挡加热系统　69

　　　　4.1.5　风挡雨刷系统　71

　　　　4.1.6　风挡排雨系统　72

　　　　4.1.7　风挡清洗系统　72

　　4.2　ARJ21飞机防冰除雨系统简介　73

　　4.3　专业研制文件依据　75

　　4.4　研制过程技术工作　76

　　4.5　试验试飞　78

　　　　4.5.1　干空气条件下防冰系统地面试验　78

4.5.2　结冰条件下短舱防冰系统机上地面试验　78

4.5.3　风挡雨刷系统地面模拟降雨试验　79

4.5.4　机翼防冰系统干空气试飞　79

4.5.5　短舱防冰系统干空气试飞　80

4.5.6　风挡加热系统干空气试飞　80

4.5.7　防冰系统自然结冰试飞　81

4.6　重要技术问题　82

4.6.1　机翼防冰系统性能校核计算　82

4.6.2　机翼防冰系统冰风洞试验　84

4.6.3　结冰条件下短舱防冰系统机上地面试验　86

4.6.4　风挡雨刷系统地面模拟降雨试验　87

4.6.5　防冰系统自然结冰试飞　88

4.6.6　防冰除雨系统相关故障情况　90

4.7　技术管理工作　90

4.8　技术成果　90

4.8.1　科技成果　90

4.8.2　专利　91

4.9　相似机型系统设计示例　92

4.9.1　波音 B737 系列飞机　92

4.9.2　空客 A318/A319/A320/A321　94

4.10　系统新技术和未来技术　97

5　氧气系统　101

5.1　民机氧气系统　101

5.1.1　概述　101

5.1.2　系统组成　103

5.1.3　系统功能　105

5.1.4　系统工作原理　105

5.1.5　系统接口　110

5.2　ARJ21 - 700 飞机氧气系统简介　111

5.3　专业研制文件依据　114

5.4　研制过程技术工作　116

5.5　重要技术问题　118

5.5.1　电缆与氧气瓶区域安全性问题　118

5.5.2　旅客氧气面罩抛放问题　126

5.5.3　104 架机机组氧气系统管路泄漏问题　129

5.6　技术管理工作　133
5.7　相似机型系统设计示例　134
　　5.7.1　CRJ-200 飞机　134
　　5.7.2　空客 A320 飞机　137
　　5.7.3　波音 B737 飞机　141
　　5.7.4　波音 B787 飞机　143
5.8　系统新技术和未来技术　146

6　气源系统　148
6.1　系统简介　148
6.2　专业研制文件依据　150
6.3　研制过程技术工作概述　152
6.4　重要技术问题　153
　　6.4.1　预冷器出口温度振荡问题　153
　　6.4.2　预冷器冷边出口通风充压腔(plenum)上密封圈老化泄露问题　154
　　6.4.3　预冷器维修性问题　154
　　6.4.4　高压导管隔热层脱胶问题　156
6.5　技术创新点　157
6.6　科技成果　157
　　6.6.1　ARJ21-700 飞机短舱防冰与气源系统设计更改及适航取证技术　157
　　6.6.2　ARJ21-700 飞机后设备舱环境温度计算验证　158
6.7　系统设计示例　159
　　6.7.1　波音 B737 飞机　159
　　6.7.2　波音 B747 飞机　164
　　6.7.3　空客 A320 飞机　167
　　6.7.4　空客 A340 飞机　168

7　水/废水系统　175
7.1　系统简介　175
　　7.1.1　饮用水系统　175
　　7.1.2　废水处理系统　176
7.2　专业研制文件依据　177
7.3　研制过程技术工作　178
7.4　重要技术问题　180

　　　　7.4.1　水系统增压工作不正常　180

　　　　7.4.2　巡航状态下盥洗盆堵塞无法开启　182

　　　　7.4.3　易冻液体排放试飞科目试飞方法及判据的更新　183

　　　　7.4.4　空气压力开关告警　184

　　　　7.4.5　水位传感器告警　186

　　7.5　科技成果、专利　188

参考文献　190

索引　192

1 绪 论

ARJ21 新支线飞机（Advanced Regional Jet for the 21st Century）是 70～90 座级，以涡扇发动机为动力的中、短航程先进技术支线飞机，采用每排五座双圆切面机身、下单翼、尾吊两台以 CF34 - 10A 先进涡扇发动机为动力的短涵道分离流动力装置、高平尾、前三点式可收放起落架布局。驾驶舱采用两人制布局，航电系统采用总线技术、LCD 平板显示并高度综合化，飞行控制系统为电信号控制、液压或机电作动的电飞行控制系统，并采用国际成熟的先进技术。采用较大后掠角的超临界机翼和一体化设计的翼梢小翼以获得较高的巡航升阻比，从而降低巡航阻力，改善使用经济性。次要结构采用复合材料以降低结构重量。

ARJ21 - 700 是 ARJ21 系列的基本型，其客运型基本布置为混合级布局 78 座，全经济级布局 90 座，豪华经济舱布局 68 座。为适应不同地区、不同航线结构对支线飞机的需求，基本型具有标准航程型（STD）和加大航程型（ER）两种构型。标准航程型满客航程为 2 225 km（1 200 n mile），主要满足从中心城市向周边中小城市辐射型航线的使用要求；而基本型的加大航程型满客航程为 3 700 km（2 000 n mile），将满足部分"点对点"的瘦长航线使用要求。

ARJ21 飞机环控系统主要包括：空调系统（含压调系统）、防冰除雨系统、氧气系统、气源系统和水/废水系统。

1) 空调系统

空调系统由制冷、加热、空气分配、增压控制等系统组成，通过综合空气系统控制器（IASC）对座舱通风、调温、增压进行管理和控制。系统由两套空气循环制冷组件（简称制冷组件）为座舱提供温度适宜的通风和增压空气。单套组件工作时仍能满足通风、调温和增压的基本要求。

（1）空气分配系统

空气分配系统将来自制冷组件的调节空气输送到客舱和驾驶舱，并将电子/电气设备、厨房和盥洗室排气通过排气活门排到机外。空气分配系统包括：电子/电气设备通风；调节空气分配（驾驶舱空气分配、客舱空气分配）；厨房和盥洗室通风；货舱通风；再循环通风；冲压空气通风。

（2）座舱压力控制系统

座舱压力控制系统（CPCS）在不同飞行阶段调节座舱压力高度和座舱高度变

化速率,并提供座舱和大气的正、负压差保护,以保证乘员的舒适性和安全性。系统由两个综合空气系统控制器(IASC)、一个排气活门(OFV)、两个安全活门(SFV)和一个地面活门(GV)组成。座舱压力控制系统通过控制排气活门的开度实现座舱的压力控制。正常情况下选择系统"自动"工作。由综合空气系统控制器检测座舱压力,驾驶员仅需通过航电系统输入着陆机场高度,系统即根据飞机不同飞行阶段,实行预定的座舱压力控制和调节。单套综合空气系统控制器自动模式失效后,自动转换到另一套,也可以人工切换为手动模式。

系统具有以下安全保护功能:座舱高度限制和座舱高度变化率限制;座舱正压差保护;座舱负压差保护;应急卸压;水上迫降。

(3)加热

在所有飞行条件下,空调系统具有将客舱和驾驶舱加温至 24℃ 的能力;在地面,系统具有将客舱和驾驶舱加温至 21℃ 的能力。

(4)制冷

在所有飞行条件下,空调系统具有将客舱和驾驶舱保持在 24℃ 的能力;在地面,系统具有将客舱和驾驶舱冷却至 27℃ 的能力。

2)防冰除雨系统

防冰除雨系统应保证飞机在《中国民用航空规章》25 部中规定的连续最大结冰条件和最大间断结冰条件以及大雨条件下安全飞行。

防冰除雨系统包括:机翼前缘缝翼防冰;发动机进气道前缘防冰;风挡防冰防雾;风挡雨刷;结冰探测。

(1)机翼前缘缝翼防冰

机翼前缘缝翼采用热气防冰。发动机的热引气经预冷器调温调压后,通过机翼防冰活门和防冰单向活门进入笛形管,喷射到机翼前缘缝翼进行热气防冰。供气管路安装防冰压力传感器用于监测管内压力,安装防冰温度开关用于管内低温告警,安装防冰压力开关用于管内低压告警。

(2)发动机进气道前缘防冰

发动机短舱前缘采用热气防冰。使用发动机 5 级引气,通过短舱防冰关断活门进入笛形管,喷射到短舱前缘进行热气防冰。在短舱防冰关断活门下游安装有压力传感器,用于检测管路压力。

(3)风挡防冰防雾

驾驶舱两个主风挡具有防冰和防雾的功能;左、右通风窗具有防雾功能。防冰和防雾功能是通过对玻璃组件内部的电阻膜的电加热实现的。飞机装有两个风挡加温控制器,每个风挡加温控制器分别控制相应一侧的主风挡和通风窗的电加热。

(4)风挡雨刷

左、右主风挡设置独立的电动双速风挡雨刷。由左、右风挡雨刷开关分别独立操纵雨刷的工作。风挡雨刷开关具有"OFF""LOW"和"HIGH"三挡位置。

（5）结冰探测

机头两侧各安装一个结冰探测器,在探测到结冰时向机组人员提供提示信息,机组人员可决定是否使防冰系统开始工作。

3）氧气系统

氧气系统在座舱失压的紧急情况下能为机组、乘客提供应急呼吸用氧气;在有烟雾和着火时为机组人员提供防护用氧;此外,氧气系统还可以根据需要,为机上个别乘客提供医疗急救用氧。

空勤氧气系统在高空座舱失压的紧急情况下,为正、副驾驶员和观察员提供足够的呼吸用氧气(2小时);此外,空勤氧气系统还能在有烟雾和着火时为飞行机组人员提供防护用氧,防止其吸入烟和有害气体对飞行机组人员身体造成不良影响。

旅客氧气系统采用化学氧气系统,能够在座舱失压时为旅客和乘务员提供15~22分钟呼吸用氧气。当座舱高度达到某高度时,空气管理系统将为旅客氧气系统提供接地信号,控制旅客氧气系统的面罩自动抛放。如果旅客氧气系统自动抛放系统不能正常工作,或者驾驶员根据需要决定操作系统,则可以通过驾驶舱操纵面板手动释放氧气面罩。

防护呼吸设备(PBE)供机上灭火排烟时使用。全机共有4套防护呼吸设备,分别由防烟头套(帽套)、化学空气再生系统和口鼻型面罩(包括语音膜片)等组成。急救型便携式氧气设备可为飞机上个别旅客提供医疗急救用氧。

全机共安装3套急救型便携式氧气设备,每套急救型便携式氧气设备主要由带减压调节器的高压气态便携式氧气瓶以及与其配套使用的一个连续式氧气面罩、氧气压力表、关闭活门、安全活门、氧气出口接头及背带等组成。急救型便携式氧气设备的氧气瓶及其附件安装在能快速打开的支架上。

4）气源系统

气源系统引气源包括:发动机压气机、辅助动力装置和地面气源。气源系统可为座舱空气调节、座舱增压、发动机起动、机翼前缘缝翼防冰提供增压空气。气源系统能自动切换相应发动机的中压和高压引气口。辅助动力装置引气主要用于地面空调和发动机起动,飞行中也可用作应急气源。

5）水/废水系统

水/废水系统为厨房、盥洗室提供饮用水、洗涤用水及马桶冲洗用水,并对洗涤产生的灰水及马桶废水进行处理。水/废水系统包括饮用水和废水处理两部分。

饮用水系统贮藏并提供足够量的水源,采用压力供水方式为机上厨房及盥洗室提供水。

废水处理系统的主要功能是对使用后的马桶进行冲洗和除臭,利用压差将马桶产生的废水吸入废水箱,以便在飞机地面维护时,对废水进行排放。另外,将盥洗室的盥洗灰水以及厨房工作灰水利用机外排放杆排到机外。

2 空调系统

2.1 系统简介

ARJ21-700飞机空调系统的主要功能是为飞机驾驶舱和客舱提供温度、压力适宜且流量稳定的清洁空气,同时为飞机气密舱压力调节提供必要的气源。为实现上述功能,ARJ21飞机空调系统主要包括制冷组件、流量控制系统、配平系统、驾驶舱与客舱空气分配系统、电子设备通风系统、再循环系统、货舱通风、个人通风、厨房与厕所通风、空气污染物控制系统、地面通风和控制系统等。

ARJ21-700飞机空调系统原理见图2-1。空调系统从发动机引气,在后设备舱内通过引气过滤器、臭氧转换器、流量控制活门、流量文氏管进入制冷组件,经制冷组件冷却后,在混合腔内和来自再循环系统的座舱空气混合,然后通过配平系统的高温空气进行局部调节实现对整个空调系统温度的控制。两侧发动机引气也可以通过引气总管上的交叉隔离活门进行隔离和交互。混合空气在混合腔出口处分为三路,一路通往驾驶舱,另外两路分别通往客舱和个人通风,实现空调系统的空气分配功能,同时为电子设备舱和厨房、盥洗室、货舱提供通风。

2.2 专业研制文件依据

ARJ21-700飞机空调系统专业研制文件主要包括如下几个部分。

1) 美国联邦航空管理局(FAA)与中国民用航空局(CAAC)适航规章与咨询通告相关规章与咨询通告如表2-1所示。

表2-1 FAA与CAAC适航规章与咨询通告

CCAR-25	运输类飞机适航标准
CCAR-121	大型飞机公共航空运输承运人运行合格审定规则
FAR-25	Airworthiness Standards: Transport Category Airplanes
FAR-121	Operating Requirements: Domestic, Flag, and Supplemental Operations
AC 25-7A	Flight Test Guide for Certification of Transport Category Airplanes
AC 25-9A	Smoke Detection, Penetration, and Evacuation Tests and Related Flight Manual Emergency Procedures

（续表）

AC 25 - 19	Certification Maintenance Requirements
AC 25 - 20	Pressurization，Ventilation and Oxygen Systems Assessment for Subsonic Flight，Including High-Altitude Operation
AC 25 - 22	Certification of Transport Airplane Mechanical Systems
AC 25. 1309 - 1A	System Design and Analysis
AC 120 - 38	Transport Category Airplanes Cabin Ozone Concentrations

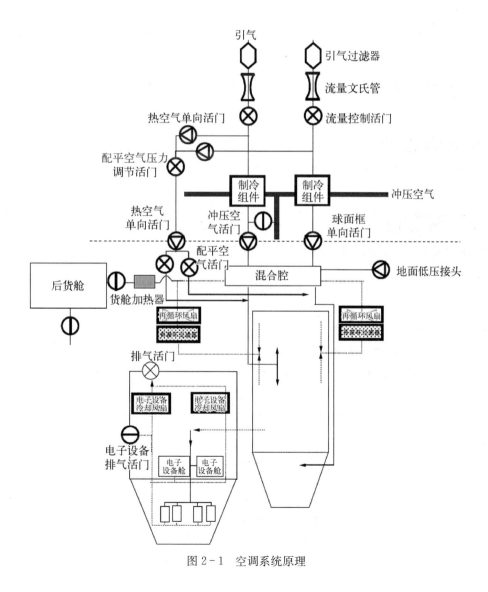

图 2-1 空调系统原理

2）美军标（见表 2 - 2）

表 2 - 2 美 军 标

MIL - HDBK - 217	Reliability Prediction of Airborne Equipment
MIL - STD - 810E	Environmental Testing Methods and Engineering Guidelines
MIL - HDBK - 217F	Reliability Test Methods

3）RTCA 与 ARINC 文档（见表 2 - 3）

表 2 - 3 RTCA 与 ARINC 文档

DO - 160D	Environmental Conditions and Test Procedures for Airborne Equipment
DO - 178B	Software Considerations in Airborne Systems and Equipment Certification
ARINC 429	Mark 33 Digital Information Transfer System (DITS)

4）SAE 文档（见表 2 - 4）

表 2 - 4 SAE 文 档

ARP 85E	Air Conditioning Systems for Subsonic Airplanes
ARP 699E	High Temperature Pneumatic Duct Systems for Aircraft
ARP 908	Torque Requirements，Installation and Qualification Test，Hose and Tube Fitting.
ARP 986	Guide for Qualification Testing of Aircraft Valves
ARP 1870	Aerospace Systems Electrical Bonding and Grounding for Electromagnetic Compatibility and Safety
ARP 4754	Certification Consideration for Highly-Integrated or Complex Aircraft Systems
ARP 4761	Safety Assessment Process Guideline and Methods

5）总体与系统设计要求

总体与系统设计要求主要文件汇总于表 2 - 5。

表 2 - 5 总体与系统设计要求

序 号	文 件 名 称
1	ARJ21 飞机设计技术要求
2	总体布局定义
3	ARJ21 飞机通用技术规范
4	新型涡扇支线飞机驾驶舱总体设计要求
5	飞机地面和飞行环境条件总体设计要求
6	ARJ21 - 700 飞机机头改进驾驶舱总体设计要求

（续表）

序　号	文　件　名　称
7	ARJ21 飞机客舱设计要求
8	ARJ21 飞机货舱设计要求
9	ARJ21 飞机电子/电气舱总体设计要求
10	ARJ21－700 飞机重量指标
11	新型涡扇支线飞机寿命可靠性/安全性要求
12	新支线飞机维修性要求
13	ARJ21 机载设备和系统电磁环境效应接口要求
14	ARJ21 飞机空气调节系统布局定义
15	空气管理系统设计要求
16	空气管理系统布局定义
17	环控系统控制与监控规范
18	飞行试验测试设备接口控制文件
19	环控系统机械接口控制文件
20	电器接口控制文件
21	发动机指示和机组告警系统接口控制文件
22	维修接口控制文件
23	环控系统故障模式分析
24	环控系统初步系统安全性评估

2.3　研制过程技术工作概述

ARJ21－700 飞机空调系统研制过程主要技术工作汇总于表 2－6。

表 2－6　研制过程技术工作

文　档	研 制 技 术 工 作	研 制 阶 段
图纸与规范	系统设计规范	PDR[①],CDR[②],CCR[③]
	系统设计描述	PDR,CDR,CCR
	部件设计规范	PDR,CDR(按需)
	硬件设计描述	CDR,CCR
	安装要求	PDR
	系统设计与性能声明(DDP)	SOF[④],CCR
	原理图	PDR,CDR,CCR
	安装图纸	PDR,CDR,CCR
	部件的三维 CATIA 模型,图纸树	PDR,CDR

(续表)

文　档	研 制 技 术 工 作	研 制 阶 段
接口文档	功能/机械/电气/数字接口文档	PDR
安全性 可靠性	系统安全性工作计划	PDR,CDR
	功能危害分析(FHA)	PDR,CCR
	系统安全性分析(SSA)	CDR,SOF,CCR
	失效模式和影响分析(FMEA)	PDR,CDR,CCR
	故障树分析(FTA)	CDR,CCR
	系统可靠性工作规划	PDR
维修性	技术支持计划	PDR
	维修性分析	CDR
	维修性确认	CDR
	MSG-3分析	CCR
	设备维修性计划	PDR
报　告	系统设计与分析报告	PDR,CDR,CCR
	系统设计计算报告	PDR,CDR
	电磁适应性分析/测试数据	SOF,CCR
	闪电/高能电磁辐射场分析/测试数据	SOF,CCR
	项目计划/状态报告	重要时间节点
	鉴定测试报告,分析报告	SOF,CCR
	设计符合性报告	CDR,CCR
软件文档	软件研发计划	PDR
	软件构型管理计划	PDR
	软件合格审定计划	PDR
	软件测试计划	CDR,CCR
	软件测试报告	CCR
	软件实施完成情况总结(SAS)	SOF,CCR
	软件问题报告总结	SOF,CCR
	软件构型索引	SOF,CCR
分　析	压力损失分析	PDR,CDR
	热载荷分析	PDR,CDR

（续表）

文 档	研 制 技 术 工 作	研 制 阶 段
分 析	快速加温、快速冷却分析	PDR，CDR，CCR
	系统稳定性控制分析	CDR
	温度损失分析	PDR，CDR
	空调系统稳态性能模型	PDR，CDR，CCR
	空调系统瞬态模型	PDR，CDR，CCR
	电能消耗分析	PDR，CDR
	应力分析	CDR
测 试	可接受试验程序	CDR
	功能测试程序与方法	CDR
	可接受试验报告	跟随部件交付
	地面试验程序	CDR
	飞行试验计划	PDR
	空气管理系统交联试验计划	PDR
	空气管理系统交联试验报告	SOF
	空气管理系统地面试验报告	CCR
	空气管理系统飞行试验报告	CCR
重 量	重量报告	重要时间节点
鉴 定	初步鉴定计划	PDR
	鉴定程序计划（QPP）	PDR
	鉴定测试程序（QTP）	CDR
	鉴定测试报告（QTR）	SOF
	可接受测试程序（ATP）	CDR
	软件质量担保计划	PDR
构 型	构型索引文档（CID）	SOF，CCR
	构型管理计划	PDR
技术出版物	系统描述与操作手册	CCR
	飞机飞行手册	PDR
	飞机维修手册（AMM）	CCR
	部件维修手册（CMM）	CCR

（续表）

文　档	研制技术工作	研制阶段
技术出版物	图解零件目录（IPC）	CCR
	系统部件清单	重要时间节点
	主最低设备清单（MMEL）系统输入	PDR,CDR,CCR
	备件清单	PDR
	接线图	PDR,CDR
	故障隔离手册	CCR
	系统原理示意图	CCR
制　造	生产计划	PDR,CDR
质　量	质量管理计划	PDR,CDR

① PDR：Preliminary design review，初步设计评审。
② CDR：Critical design review，关键设计评审。
③ CCR：Certification compliance readiness review，适航符合性评审。
④ SOF：Safety of flight review，飞行安全评审。

2.4　试验试飞

2.4.1　热天试验试飞

ARJ21-700 新支线飞机的空调系统热天试验试飞科目是空调系统的重大科目之一，用于验证系统在热天条件下的系统功能和性能。为了捕捉试验气象条件，ARJ21-700 飞机 103 架机先后在三亚（2010 年）、阎良（2011 年）、上海（2012 年）及长沙（2013 年）进行了热天空调系统试验，积累了丰富的试验经验。

2.4.1.1　试验/试飞技术方案及内容

空调系统热天试验试飞的目的在于验证空调系统在热天环境条件下，系统功能及性能在温度包线内是否满足系统设计目标。根据空调系统试飞大纲要求，ARJ21-700 飞机热天空调系统试验包括 5 项试验，分别是地面快速冷却试验、地面稳态冷却试验、热天地面和飞行时空调系统功能和性能试验、电子设备舱和驾驶舱显示器通风地面和飞行试验、货舱通风和加温地面和飞行试验。具体试飞目的及技术方案阐述如下。

1）地面快速冷却试验

地面快速冷却试验的目的在于验证座舱人均新鲜空气量对适航条款的符合性、系统控制功能和快速冷却座舱的能力。

采用的技术方案可概括为高温地面环境条件下，启动空调系统快速冷却模式，持续运行 30 min，整个过程中对舱内温度及供气量进行测量，具体要求如下：高湿热天环境(空气湿度≥19 g/kg,场温≥40℃),飞机停机在阳光直接照射和无风环境下(风速低于2.6 m/s),关闭登机门但不上锁,拉下所有遮光板,等待热透后,受太阳辐射外蒙皮温度不低于51.5℃,或座舱内部设备(座椅)和空气温度不低于46℃,舱内仅留试验操作人员,尽可能保持最小内部热载荷,打开空调系统,要求空调系统工作过程中,观察控制面板的操作与信号灯指示、环控系统(ECS)简图页显示、发动机指示和机组告警系统(EICAS)信息显示、告警;采集系统流量及驾驶舱、客舱温度等数据。

2)地面稳态冷却试验

地面稳态冷却试验的目的在于验证座舱人均新鲜空气量对适航条款的符合性、系统控制功能和载人情况下对座舱的冷却能力。

采用的技术方案可概括为高温环境条件下,启动空调系统,持续运行至座舱温度稳定,整个过程中对舱内温度及供气量进行测量,具体要求如下:高湿热天环境(空气湿度≥19 g/kg,场温≥40℃),关闭登机门但不上锁,拉下所有遮光板,飞机上乘客不少于50人,打开空调系统,空调系统工作过程中测量驾驶舱/客舱温度,驾驶舱/客舱空调供气口、个人通风口、机组人员头部的空气流速。

3)热天地面和飞行时空调系统功能和性能试验

热天地面和飞行时空调系统功能和性能试验的目的在于验证不同空调系统构型条件下,座舱人均新鲜空气量对适航条款的符合性以及系统功能和性能。

采用的技术方案可概括为高温环境条件下,在地面及不同飞行高度上,启动空调系统,切换系统运行构型,整个过程中对舱内温度及供气量进行测量,具体要求如下:高湿热天环境(空气湿度≥19 g/kg,场温≥40℃),在地面至11.5 km高度上,切换单/双发动机/APU引气,单/双组件工作,开/关再循环风扇及配平空气活门,设定驾驶舱和客舱温度分别为21℃和24℃,在构型变化和稳定过程中,观察控制面板的操作与信号灯指示、ECS简图页显示、EICAS信息显示、告警;采集系统流量及驾驶舱、客舱温度等数据。

4)电子设备舱和驾驶舱显示器通风地面和飞行试验

电子设备舱和驾驶舱显示器通风地面和飞行试验的目的在于验证电子通风系统对电子设备舱和驾驶舱显示器进行通风冷却的功能及性能。

采用的技术方案可概括为高温环境条件下,在地面/飞行状态下,启动空调系统,并切换系统运行构型,整个过程中对电子设备舱内温度进行测量,具体要求如下:高湿热天环境(空气湿度≥19 g/kg,场温≥40℃),在地面至11.5 km高度上,采用单/双发动机/APU引气,单/双组件/应急通风工作情况下,开/关电子通风风扇,演示电子设备风扇冷却系统在最大发热量状态工作时的功能和性能;在构型变化和稳定过程中,观察控制面板的操作与信号灯指示、ECS简图页显示、EICAS信息显示、告警;采集系统流量及驾驶舱、客舱温度、电子设备舱温度等数据。

5）货舱通风和加温地面和飞行试验

货舱通风和加温地面和飞行试验的目的在于验证货舱在通风、加温、关闭工作模式下，货舱通风、加热、功能及性能。

采用的技术方案可概括为高温环境条件下，在地面/飞行状态下，启动空调系统，并切换货舱加温、通风、关闭构型，整个过程中对货舱温度进行测量，具体要求如下：高湿热天环境（空气湿度≥19 g/kg，场温≥40℃），在地面至 11.5 km 高度上，设定驾驶舱和客舱温度分别为 21℃ 和 24℃，切换货舱加温、通风、关闭构型，在构型变化和稳定过程中，观察控制面板的操作与信号灯指示、ECS 简图页显示、EICAS 信息显示、告警；采集系统流量及驾驶舱、客舱温度、电子设备舱及货舱温度等数据。

2.4.1.2　试验试飞途径及关键技术

1）试验技术途径

ARJ21 - 700 飞机是我国第一次严格按照 CCAR - 25 部适航规章进行设计、制造及试飞验证的客机。由于系统设计、试验及试飞验证经验欠缺，因此可借鉴的参考文献匮乏，设计团队通过技术咨询，收集零星的技术资料，在试验中不断摸索，在摸索中不断进步，最终由中国商飞设计研发中心工程技术人员编制了试飞大纲，明确了试验要求和验证方案，并得到了审查方的认可。

试飞程序的制订及实施，同样经历了从无到有、不断优化的过程。试飞程序的制订必须在满足验证目的的同时，兼顾试验的经济成本。试验必须覆盖所有试验状态点，同时尽可能将能同时进行的试验状态点合并，减少试验架次，节约试验成本。在试验实施过程中，必须严格按照试验程序要求，安全、有效地完成所有试验。试飞院根据试验要求，制订了详细的试验程序并进行试验实施、试验测量及数据初步分析。工程技术人员根据试验结果进行数据分析及符合性说明，并向审查方汇报试验状况。审查方对整个试验准备材料、试验方案及程序、试验数据及分析结果进行审查，审查通过后，该试验科目得以关闭。

2）关键技术

空调系统热天试验试飞科目涉及的关键技术如下。

（1）热天气候条件下的空调系统性能验证。

针对热天气候条件下空调系统性能验证，提出了完整的符合性验证技术思路，完成了 ARJ21 - 700 飞机空调系统测试改装、参数测试、符合性验证及说明等工作。

针对我国现有的试验条件，提出了热天气候条件下我国民用飞机空调系统性能验证技术思路及方法，建立了一套完整的、经局方认可的验证技术体系，完成了空调系统流量、座舱平均温度及客舱温度场的符合性验证。

基于参数测试需求，建立了一套参数在线综合测试系统。对于系统流量测试，提出了分布式测试进行符合性验证的思路，首次将双文丘里管应用于民用飞机小流量测试并完成了流量适航符合性验证；对于舱室温度场及流场测试，提出了三维立体测试方法；采用热成像仪、三维超声波风速仪对舱室壁面及供气口风速进行了实时并行测量。国内首次完成了民用飞机舱室温度场大规模数据测试，为舱室环境舒适性研究及座舱环境设计提供了有力的数据支持。

针对热天气候难以捕获、试验条件不具备而无法通过试验直接进行性能验证的问题，创新性地提出了基于仿真和试验结合的方法进行符合性验证，建立了空调系统性能一维仿真计算模型以及舱室温度场三维仿真计算模型，形成了一套经试验验证、能较好模拟系统性能及舱室温度分布的分析方法，完成了空调系统性能计算，实现了客舱温度场重构，获得了局方的认可，成功完成了 ARJ21 飞机热天气候条件下的舱室平均温度及温度场符合性验证。

ARJ21 - 700 飞机空调系统应用该技术进行的民用飞机空调系统性能验证技术思路及方法，已成功获得 CAAC 的审批和认可。

本项技术应用的热天气候条件下民用飞机空调系统性能验证技术，在国家重点型号 ARJ21 - 700 飞机试验试飞、适航取证过程中逐步形成。针对空调系统性能验证提出的技术思路及验证方法，填补了国内在该领域的空白。所采用的测试改装方案，对后续型号的研制具有借鉴意义；形成的基于三维立体在线测量的复杂空间温度场仿真重构技术，丰富了流场、温度场研究手段及仿真技术的应用，所积累的经验为我国民机空调系统设计及验证奠定了坚实的基础。本项目的完成标志着我国首次完整地完成了空调系统性能验证，在我国民用飞机研制史上具有里程碑式的意义。

（2）空气分配系统优化设计与验证。

为解决 ARJ21 - 700 飞机热天试飞验证过程中存在的驾驶舱冷却能力不足问题，开展一系列的方法创新。

探索出新型"主制造商-供应商"合作/研发模式，实现由"依赖供应商"到"自主优化设计"的转变。通过对空气分配系统进行自主优化设计，既提高了自主设计能力，成功解决了 ARJ21 飞机空气分配技术难题，又形成了一整套空气分配系统设计、优化、测试、试验验证理论，大大降低了对供应商的设计依赖，节省了大量的研发经费，缩短了研制周期。

首次提出了基于机上地面试验的 UA 值测算方法，该试验测算方法操作简便、计算简单且测算结果准确性高，弥补了传统 UA 值计算方法计算烦琐、缺少输入参数、计算结果误差大等问题，提高了座舱结构热载荷计算的准确性，完善了座舱热载荷计算模型，为确定座舱流量需求提供了技术保障。

创新性运用三维流场计算与一维系统仿真计算进行联合设计，设计过程中解决了 Flowmaster 软件中缺少空气分配系统关键部件仿真模块的问题。实现了民用飞机空气分配系统的 Flowmaster 全系统仿真，提高了民用飞机空气分配技术设计能力，对后续机型研制具有重要的借鉴意义。

提出了基于座舱热载荷模型的环境温度外推计算方法，通过可获取的环境温度条件试验数据外推到更高温度条件下空调系统冷却性能；解决了由于试验条件难以捕获而无法通过试验直接进行符合性验证的问题，减少了转场试飞架次，有力地补充了符合性验证手段，丰富了符合性验证方法；成功完成了 ARJ21 - 700 飞机空气分配系统优化设计与验证，为空调系统适航取证提供了支持。

对于中国民用飞机空调系统设计而言，本关键技术是我国民用飞机空气分配系统自主设计、优化及验证的一次重大实践，探索出了新型"主制造商-供应商"研发模式，降低了对供应商的依赖，提高了民机空调系统设计能力，丰富了民机空调系统设计手段；形成了完整的空气分配系统设计、优化、测试及试验验证的技术理论，所积累的经验为我国民机空气分配系统设计奠定了坚实的基础，对其他型号研制具有重大借鉴意义，具有广阔的应用前景。

2.4.1.3　试验教训及建议

1) 试验教训

构型状态清晰、完整是系统试验成功的基础。试验准备阶段，需对试验相关系统构型状态进行梳理，掌握系统最新构型状态，试验前需登机对机上实际状况进行核查，避免由于构型状态模糊、机上设备安装不全导致试验不成功。

系统测试装置齐全，有利于加快试验验证的进程，缩短研制周期。在系统测试装置安装布置设计阶段，清理全机级/系统级温度及压力测试需求，统筹考虑测试及验证方案十分必要。遵循"宁可多加，不可放过"的原则布置测试设备，通过测试结果，有利于加深工程技术人员对系统/部件工作原理的理解，增强知识储备。

与局方审查人员时刻保持紧密沟通。试验准备阶段，需向局方审查人员汇报试验目的、试验方案、试验程序等，特别需要向局方审查人员讨论试验过程中可能存在的问题。若需对试验方案进行临时更改，则需及时征询局方意见，获得批准认可后方可执行。

2) 建议

热天空调系统试验对气象条件的要求较为严格，极难捕获所要求的气象条件，通过加强气象条件预报能力，缩短试验阶段外场等待时间有利于缩短研制周期及降低研制成本。

2.4.2　冷天试验试飞

ARJ21 - 700 新支线飞机空调系统冷天试验科目是空调系统重大科目之一，用于验证系统在冷天条件下的系统功能和性能。为了捕捉试验气象条件，ARJ21 - 700 飞机 103 架机于 2010 年 12 月、2011 年 12 月、2014 年 1 月三次在海拉尔进行了冷天空调系统试验，积累了丰富的试验经验。

2.4.2.1　试验/试飞技术方案及内容

空调系统冷天试验试飞的目的在于验证空调系统在冷天环境条件下，系统功能及性能在温度包线内是否满足系统设计要求。根据空调系统试飞大纲要求，

ARJ21-700飞机冷天空调系统试验包括5项试验：地面快速加温试验、地面稳态加温试验、冷天地面和飞行时空调系统功能和性能试验、电子设备舱和驾驶舱显示器通风地面和飞行试验、货舱通风和加温地面和飞行试验。部分试飞目的及技术方案阐述如下：

1) 地面快速加温试验

地面快速加温试验的目的在于验证座舱人均新鲜空气量对适航条款的符合性、系统控制功能和快速加温座舱至设定温度的能力。试验技术方案和内容如下：冷天地面环境条件下，停机在无阳光照射环境下，关闭所有外部舱门，拉下所有遮光板，无乘客，最小内部热载荷，等待冷透后进行试验。进行试验时，舱内仅留试验操作人员，启动空调系统快速加温模式，持续运行30 min，观察控制面板的操作与信号灯指示、ECS简图页显示、EICAS信息显示、告警；采集系统流量及驾驶舱、客舱温度等数据。

2) 地面稳态加温试验

地面稳态加温试验的目的在于验证座舱人均新鲜空气量对适航条款的符合性、系统控制功能和载人情况下对座舱从初始温度加温到设定温度以及加温后维持设定温度的能力。试验技术方案和内容如下：冷天地面环境条件下，关闭登机门但不上锁，拉下所有遮光板，飞机上乘客少于20%满载，打开空调系统，持续运行至座舱温度稳定。空调系统工作过程中，观察控制面板的操作与信号灯指示、ECS简图页显示、EICAS信息显示、告警；采集系统流量及驾驶舱、客舱温度等数据。

3) 冷天地面和飞行时空调系统功能和性能试验

冷天地面和飞行时空调系统功能和性能试验的目的在于验证不同空调系统构型条件下，座舱人均新鲜空气量对适航条款的符合性，以及系统功能和性能（包括制冷系统、电子设备通风系统、货舱通风系统等子系统）。试验技术方案和内容如下：冷天环境下，在地面至双包升限高度上，切换单/双发动机/APU引气，单/双组件工作，开/关再循环风扇、电子设备通风风扇及配平空气活门，切换货舱加温、通风、关闭构型，设定驾驶舱和客舱温度分别为21℃和24℃，在构型变化和稳定过程中，观察控制面板的操作与信号灯指示、ECS简图页显示、EICAS信息显示、告警；采集系统流量及驾驶舱、客舱温度等数据。

2.4.2.2 试验技术途径及关键技术

1) 试验技术途径

中国商飞设计研发中心工程技术人员编制了试飞要求，明确了试验要求和验证方案。试飞院根据试验要求，制订了试验大纲。试验进行前，试飞院根据试验大纲制订了详细的试验程序，并进行试验实施、试验测量及数据初步分析。中国商飞设计研发中心工程技术人员根据试验结果进行数据分析及符合性说明，并向审查方汇报试验状况。审查方对整个试验准备材料、试验方案及程序、试验数据及分析结果进行审查，审查通过后，该试验科目得以关闭。

2）关键技术

空调系统冷天试验涉及的关键技术如下所述。

对于冷天气候条件下的空调系统性能验证，提出了完整的符合性验证技术思路，完成了 ARJ21 飞机空调系统测试改装、参数测试、符合性验证及说明等工作。

针对我国现有试验条件，提出了冷天气候条件下我国民用飞机空调系统性能验证技术思路及方法，建立了一套完整的、经局方认可的验证技术体系，完成了空调系统流量、座舱平均温度及客舱温度场（温度梯度）的符合性验证。

基于参数测试需求，建立了一套参数在线综合测试系统。对于系统流量测试，提出了分布式测试进行符合性验证的思路，首次将双文丘里管应用于民用飞机小流量测试并完成了流量适航符合性验证；对于舱室温度场及流场测试，提出了三维立体测试方法。在国内首次完成了民用飞机舱室温度场大规模数据测试，为舱室环境舒适性研究及座舱环境设计提供了有力的数据支持。

针对冷天气候难以捕获的问题，提出了基于仿真和试验结合、合理外推的方法进行符合性验证，建立了空调系统性能一维仿真计算模型以及舱室温度场三维仿真计算模型，形成了一套经试验验证、能较好模拟系统性能及舱室温度分布的分析方法，完成了空调系统性能计算，实现了客舱温度场重构，获得了局方的认可，成功完成了 ARJ21 飞机冷天气候条件下的舱室平均温度及温度场符合性验证。

ARJ21‐700 飞机空调系统应用该技术进行的民用飞机空调系统性能验证技术路线及方法，已成功获得 CAAC 的审批和认可。

本项技术应用的冷天气候条件下民用飞机空调系统性能验证技术，在国家重点型号 ARJ21‐700 飞机试验试飞、适航取证过程中逐步形成。针对空调系统性能验证提出的技术思路及验证方法，填补了国内在该领域的空白。所采用的测试改装方案，对后续型号的研制具有借鉴意义；形成的基于三维立体在线测量的复杂空间温度场仿真重构技术，丰富了流场及温度场研究手段及仿真技术的应用，所积累的经验为我国民机空调系统设计及验证奠定了坚实的基础。本项目的完成，标志着我国首次完整地完成了空调系统性能验证，在我国民用飞机研制史上具有里程碑式的意义。

2.4.2.3 试验重大问题及解决措施

文件《空气管理系统设计技术要求》规定了 ARJ21‐700 飞机客舱温度场的设计要求，2010 年 12 月、2011 年 12 月在海拉尔进行的空调系统冷天试验对客舱温度场进行了验证，飞机在冷浸透后直接起飞，验证结果表明客舱温度场存在分层问题。

针对该问题，对客舱温度场设计要求、验证方法进行了梳理，确认了民用飞机设计要求中都规定在稳定飞行阶段考察客舱温度场，对客舱乘客人数也都有规定。通过对客舱温度场进行数值仿真分析，确认了温度场分层原因与解决措施，并于2014 年 1 月在海拉尔进行的空调系统冷天试验中进行了验证。

2.4.2.4　试验技术管理、技术方法经验教训及建议

1) 研发试验文件与适航审定试验文件应分别独立编写

ARJ21 - 700 飞机空调系统冷天试验包括了研发试验与适航审定试验,这两类试验的试验要求、试验大纲都为同一份文件,导致研发试验与适航审定试验文件互相影响。后续型号研制中,研发试验与适航审定试验的试验要求、试验大纲等需分别单独编写。

2) 设计要求的确认与验证

文件《空气管理系统设计技术要求》规定了 ARJ21 - 700 飞机客舱温度场的设计要求,即在稳定飞行阶段考察客舱温度场,同时客舱乘客人数须满足规定要求,而在 2010 年 12 月、2011 年 12 月的实际验证中并未按该要求进行。同时试验验证时,飞机在冷浸透后直接起飞,未进行地面暖机预热,客舱初始温度很低,同时由于客舱设备热容的影响,客舱垂直温差较大,在初始飞行阶段客舱温度场存在分层问题。后续型号在客舱温度场验证时,需经过地面快速加温和稳态加温暖机即预热后再起飞,在飞行稳定阶段验证客舱温度场。

ARJ21 - 700 飞机在设计要求中只规定了驾驶舱、EE 舱、客舱的温度要求,并未规定再循环风扇舱的温度要求,但其他系统在再循环风扇舱中布置的设备对环境温度有要求,在 ARJ21 - 700 飞机研制中暴露出了再循环风扇舱的环境温度不满足其他系统设备环境温度需求的问题。后续型号中需定义清楚温度控制区域,对环境温度有要求的设备需布置在相应的温度控制区域。

3) 试验要求定义

ARJ21 - 700 飞机空调系统冷天试验中要求试验的环境温度≤-40℃,且试验前飞机须进行冷浸透。试验要求中并未对冷浸透进行定义,同时试验要求未对环境温度具体定义,即试验开始时环境温度为≤-40℃即可还是试验过程中环境温度须一直保持≤-40℃并不明确。

冷浸透是模拟飞机运营时过夜停留,飞机座舱起始温度很低,目的是考察此时空调系统对座舱的加温能力,即空调系统能否在短时间内使座舱从起始温度加温到设定温度,试验包含快速加温和稳态加温。

空调系统飞行试验的目的是验证在飞行时外界环境影响下空调系统的功能和性能。而依据 SAE ARP 85,在冷天环境下只要地面环境温度≤-28℃,30 000~40 000 ft(9 144~12 192 m)高空的环境温度就都相等,即空调系统冷天飞行试验在地面温度≤-28℃时即可进行。

国外民机进行空调系统冷天试验时,一般地面试验在实验室中进行,试验过程中环境温度可一直保持≤-40℃,且冷浸透的过程中环境温度也可一直保持。而国内民机限制于地面试验无法在实验室进行,因此环境温度无法一直保持在≤-40℃,试验时只需开始时环境温度为≤-40℃即可。

后续型号进行空调系统冷天试验时,地面试验可在实验室中进行,实验室可选

取国外供应商的实验室,也可在国内选址进行实验室建设。飞行试验选取地面环境温度≤−28℃的环境即可进行。

2.5　重要技术问题

2.5.1　驾驶舱冷却能力不足以及空气分配再设计

2.5.1.1　问题描述

ARJ21−700 飞机空气分配系统由国外供应商进行设计和制造,为了验证该系统调节新鲜空气流量和座舱温度的能力,同时验证飞机在全温度包线范围内对设计要求的符合性,ARJ21−700 飞机先后执行了多次高温高湿环境条件下的地面冷却试验。

2010 年 7 月 26 日至 7 月 30 日,ARJ21−700 飞机 103 架机在海南三亚执行了高温高湿地面及飞行试验。试验结果显示,地面快速和稳态冷却试验驾驶舱温度不能满足试飞大纲要求。当时发现供应商在执行此次高温高湿试飞采用的空气管理系统软件中使用了错误的流量计算公式,使得真实流量比设计值偏小近 20%。更新后的空气管理系统软件更正了软件流量计算公式。

2011 年 8 月 12 日和 13 日,ARJ21−700 飞机 103 架机在西安阎良执行了空调系统地面快速和稳态冷却试验。试验结果显示,地面快速和稳态冷却试验驾驶舱温度不能满足试飞大纲要求。对驾驶舱空气分配管路进行检查时发现,103 架机驾驶舱空气分配管路存在严重的质量问题,管路破损产生泄漏、内衬脱落堵塞管路,导致驾驶舱流量偏小而影响驾驶舱冷却能力。2011 年 10 月 25 日—27 日,对 103 架机低压管路进行了更新。

2012 年 7 月 27 日—31 日,ARJ21−700 飞机 103 架机在上海大场执行了地面快速冷却试验和地面稳态冷却试验,结果显示驾驶舱温度仍然不满足试飞大纲要求。通过梳理设计过程、建立座舱热载荷模型、建立空气分配系统仿真、执行机上地面试验等确认,最终确认驾驶舱流量分配问题是导致驾驶舱冷却能力不足的根本原因。

2.5.1.2　解决方案

ARJ21−700 飞机驾驶舱主管及支路上安装有不同尺寸的限流环,以平衡各供气支路的流量分配比例。根据低压管路构型和空气分配情况,调节驾驶舱/客舱主管内空气量理论上可行的方法有:更改混合腔构型、调整驾驶舱/客舱主管限流环尺寸、更改驾驶舱主供气口格栅型式。对上述方法进行对比分析可知,调整驾驶舱/客舱主管限流环尺寸可操作性强,工作量小,易于实施,是实际可行的方法。

2.5.1.3　技术途径

采用仿真模拟计算、试验室台架试验、机上地面试验三种方法均可实现驾驶舱/客舱主管限流环尺寸调整,达到预期的空气流量分配比例。考虑到限流环个数较多,采用台架试验和机上地面试验多次调整限流环尺寸需要消耗大量时间和人力物力,经济性较差。提出新的采用仿真模拟方法进行调整驾驶舱/客舱主管限流环尺寸,再辅助2~3次机上地面试验进行流量验证,这将有效地减少在机上进行地面试验的次数和时间,降低飞机研制成本。

基于ARJ21空调系统构型,建立了完整的热力过程稳态仿真数学模型,并进行了模型验证,开发了空调系统稳态仿真模型部件库,形成了可用于后续机型系统方案权衡、设计优化及功能验证的空调系统仿真计算方法。主要包括:① 建立空调系统部件热力仿真模型;② 建立空调系统热力过程仿真模型,通过空气循环机转速匹配及空气循环机、温度控制活门及配平空气流量耦合,对空调系统各部件参数进行计算,并对计算结果进行了试验验证,验证结果表明,建立的仿真模型能正确预测系统运行稳态状态参数,能用于对不同工况下飞机空调系统运行参数的模拟计算、分析和优化以及系统功能验证。本工作建立的空调系统仿真模型库和系统仿真计算模型,已用于ARJ21-700系统功能及性能分析研究,主要的应用包括驾驶舱流量分配设计与分析、系统故障诊断、系统故障处理等。形成的基于仿真技术的民用飞机冲压空气流量需求设计方法,已应用于国产其他型号客机的空气分配系统设计。

2.5.1.4 收获与经验

(1)供应商的成品设计未必是符合要求的,在进行系统研制的过程中,要敢于怀疑供应商的设计,并将验证尽快付诸实施,避免不必要的时间和财力损失。

(2)通过对空气分配系统进行自主优化设计,既提高了自主设计能力,成功解决了ARJ21飞机空气分配技术难题,又形成了一整套空气分配系统设计、优化、测试、试验验证程序。

(3)在系统设计联合定义阶段(JDP),对于驾驶舱和客舱的空气分配设计,中国商飞已对供应商提出过具体要求,但是供应商没有按照要求进行设计。

2.5.2 低压管路泄漏问题

2.5.2.1 问题描述

在空气管理系统安装完成后进行系统泄漏试验时,发现低压管路泄漏严重:低压管路无法增压到(1 ± 0.2)psi[①]。

经过2012年2月28日低压管路地面泄漏试验和29日105架机机上泄漏试验,确定了低压管路空气泄漏的原因为低压管路存在质量问题、混合腔与结构框存在干涉和低压管路安装问题。

2.5.2.2 解决方案

低压管路空气泄漏问题主要通过供应商改进产品质量、完善工程图纸和技术文件、改进安装、解决混合腔与结构框干涉问题来解决。

对于低压管路成品件质量问题,103架机供应商免费提供了质量完好的客舱主

---

① psi,磅力每平方英寸,压力单位,1 psi=1 lbf/in² =6.894 76×10³ Pa。

管路与混合腔用于客舱主管路与混合腔更换，103架机的旧管路经供应商进行返工后，用于101、102与103架机逐架机的更换。对于105架机，上飞公司已采购了低压管路，供应商对低压管路进行了返工，同时也提交了质量改进措施。

2.5.2.3　技术途径

103架机客舱主管路与混合腔在2012年7月3日—5日进行了更换，并在2012年7月5日晚上进行了泄漏试验，同时在7月10日进行了机上试验，检查了漏水情况，通过上述方法基本解决漏水问题。

2.5.2.4　收获与经验

（1）供应商质量管控存在严重问题，需制订有效措施，对供应商质量体系进行监督。

（2）在客舱主管路与混合腔成品件质量问题得以解决的前提下以及低压管控安装要求完善后，低压管路空气泄漏问题归结于安装问题。工厂需严格按照安装技术条件和图纸执行安装工作。

2.5.3　CCAR‑25.831(g)符合性验证

2.5.3.1　问题描述

适航条款FAR/CCAR‑25.831(g)要求确保在通风系统失效的情况下，飞机座舱的温度湿度环境不至于影响机组人员执行飞行任务和对乘客身体造成伤害。但在通风系统失效的情况下，飞机不能满足某些情况下的湿度要求，如飞机下降或着陆在高温高湿的低纬度热带地区（当地环境湿度大于27 mb①），因此，任何型号的飞机都不能直接满足适航条款FAR/CCAR‑25.831(g)的要求。

2.5.3.2　解决方案

适航条款FAR/CCAR‑21.21(b)(1)节指出，如果不能直接满足当前的适航管理条例，或者实际情况无法直接满足适航管理条例的某些条款，则只要能通过相关措施进行弥补并提供等效的安全等级，也能发放型号合格证。

FAA与波音、空客公司等飞机制造商就此条款进行了多轮讨论协商，最终得出结论：有必要将FAR‑25.831(g)进行适当的改写。当前各型号客机对CCAR‑25.831(g)条款的符合性说明都是在CCAR‑25.1309条款指导下，通过分析其等价的安全规则来实现。通过验证下列的规则，间接证明飞机对适航条款CCAR‑25.831(g)的符合性。

目前我国新支线客机对适航条款FAR/CCAR‑25.831(g)的符合性验证拟采用等效的安全法则。后续机型对适航条款FAR/CCAR‑25.831(g)的符合性验证方法同样计划采用等效的安全法则。

将通过验证等效的安全法则"飞机设计必须考虑到在任何极小概率的通风系统失效情况下，满足：（a）座舱环境不会影响机组人员工作，从而影响飞行安全；

_____

① 　mb，毫巴，压力单位，1 mb＝100 Pa。

(b) 座舱环境不会对乘客构成持久的生理伤害",间接证明飞机对适航条款 FAR/CCAR - 25.831(g)的符合性。

2.5.3.3　技术途径

通过符合性分析方法进行验证:

(1) 根据适航条款要求进行安全性分析,确定是否需要"驾驶舱窗户通风"。

(2) 提出采用湿球黑球温度作为座舱温湿度环境评价指标,并通过与国家标准比较,验证了 ARJ21 飞机座舱环境对等效安全法则的符合性。

(3) 极限环境条件下的座舱热载荷计算、人体核心温度计算分析,国内首次采用人体核心温度作为座舱温湿度环境评价指标,建立人体核心温度计算模型,并分析座舱内乘员人体核心温度受座舱温度的影响。

(4) 依据 MSHWG 标准,对座舱环境进行评判。

2.5.3.4　收获与经验

(1) 提升了座舱热载荷、人体核心温度等影响乘员舒适性的指标的计算能力。

(2) 完成了 FAA 问题研究报告答复。

2.5.4　电子设备通风风扇(AVFAN)排放

2.5.4.1　问题描述

在 2010 年,所有投入试飞的 3 架试飞机(101、102 和 103 架机)在试飞过程中均发生了上电后出现"AVIONICS VENT FAULT"的告警信息的故障。

针对 2010 年 3 架机均出现的"AVIONICS VENT FAULT"信息,在 2012 年上半年完成了 101~104 架机的 IASC 软件优化更新。但是,102 架机自从 2012 年 10 月份以来空中不定时出现"AVIONICS VENT FAULT"咨询级青色告警和"AVIONICS FAN2 LOW SPEED"的 CMS 信息,在此期间,101、103、104 架机试飞过程中没有该问题。

2.5.4.2　解决方案 & 技术途径

2010 年试飞期间,已投入试飞的 101~103 架机均出现了"AVIONICS VENT FAULT"告警,为共性问题,初步判断为控制软件问题。同时,基于初步的地面排故,可以判断电子设备风扇 AVFAN 没有问题。该故障是在飞机上电前后出现,在试飞和地面试验过程中,重启空调系统控制器 IASC 后,故障信息消失,可初步判断故障信息与飞机上电相关。经过逻辑排查和故障复现,告警原因为:该告警逻辑未考虑飞机上电顺序问题,控制器 IASC 采用直流电,风扇 AVFAN 采用交流电,飞机上直流电后 IASC 开始监测 AVFAN 状态;若一定时间内,飞机未上交流电,将出现"AVIONICS VENT FAULT"告警。解决方案为优化控制器 IASC 软件,在告警逻辑中增加飞机已经上交流电的前提条件。

2010 年出现的上述问题解决后,102 架机自从 2012 年 10 月份以来空中不定时出现"AVIONICS VENT FAULT"咨询级青色告警和"AVIONICS FAN2 LOW SPEED"的 CMS 信息。在此期间,101、103、104 架机试飞过程中没有该问题,不是共性问题,将 102 架机上的两个 AVFAN 进行了换新,问题仍然存在。通过对交联系统排查和故障复现,确定为 AVFAN2 的继电器底座故障,无法实现按照奇偶天切换 AVFAN 工作。对该继电器底座进行换新后故障解决。

2.5.4.3　收获与经验

(1) 排故中不能放过任何一个怀疑点,要一个一个假设,一个一个验证。

(2) 排故中应多个专业配合,集思广益。

(3) 在故障定位初期,应尽量从顶层大方向上根据系统的基本原理和接口去分析是本系统问题还是交联系统问题,是软件问题还是硬件问题,是设计问题还是安装问题等;应避免直接深入到软件底层的逻辑图中去分析。确定大方向后,再根据具体情况进行详细分析,可提高故障定位准确率和解决效率。

2.5.5　舱内噪声指标偏离问题

2.5.5.1　问题描述

ARJ21 飞机进入示范运营阶段,客舱后部噪声过大的问题日益突出。ARJ21 飞机舱内噪声来源复杂,既有通过机体结构传入的飞行气动噪声,也有发动机、空调制冷组件等旋转部件通过结构和(或)空气分配管路传入的噪声,因此准确确定舱内噪声源难度非常大。这一问题不加以有效解决,将严重影响航空公司和乘客对 ARJ21 飞机的整体印象。

2.5.5.2　解决方案和技术途径

根据民用飞机的系统布局和主要噪声源的构型特点,提出了一种基于多声源、多舱段、多工况下的舱内噪声源分解测试和识别方法,确定了 ARJ21 - 700 飞机的舱内噪声源和驾驶舱啸叫声源,为 ARJ21 - 700 飞机舱内噪声设计优化奠定了基础。

针对 ARJ21 - 700 飞机舱内声源特性复杂的特点,研究出了一种舱内噪声源特性分析方法,成功获得了 APU、发动机、外部气动、空调系统等舱内噪声源的频谱特性和分布特点,指明了不同噪声源的降噪优化方向,加快了 ARJ21 - 700 飞机舱内噪声问题的解决。

针对 ARJ21 - 700 飞机降噪优化任务的紧迫性,根据民用飞机舱内噪声产生原理和主要声源的传递路径,提出了民用飞机舱内噪声优化方法,制订并实施了空调系统空气分配管路消声器、结构阻尼层和隔声层等降噪方案,显著改善了 ARJ21 - 700 飞机舱内噪声水平,对后续大型客机舱内噪声设计具有重要的借鉴意义。

针对民用飞机对设备重量的严格要求,建立了民用飞机舱内噪声优化方案权衡分析和验证方法,确定了最有效的舱内噪声降噪优化方案,在舱内噪声水平改善的同时,避免了不必要的飞机增重,对后续民机舱内噪声设计具有重要的指导意义。

根据最新的研究成果,将空调系统空气分配管路消声器、结构阻尼层和隔声层等降噪方案和降噪方法应用在 ARJ21 - 700 飞机的 105 架机和 106 架机上,驾驶员反映 ARJ21 - 700 飞机舱内噪声水平明显改善。

2.5.5.3 收获与经验

(1) ARJ21 飞机舱内噪声指标偏离问题的解决,不断提升了设计团队借鉴相关行业已有研究成果和手段、创新分析方法、系统性解决疑难设计问题的能力。

(2) 问题的解决需要多个专业紧密配合,方能起到事半功倍的效果。

2.6 技术管理工作

2.6.1 自主设计的"主制造商-供应商"模式

探索出新型"主制造商-供应商"合作/研发模式,实现由"依赖供应商"到"自主优化设计"的转变。通过对空气分配系统进行自主优化设计,既提高了自主设计能力,成功解决了 ARJ21 飞机空气分配技术难题,又形成了一整套空气分配系统设计、优化、测试、试验验证程序,大大降低了对供应商的设计依赖,节省了大量的研发经费,缩短了研制周期。

2.6.2 积极主动的"MOM-ECM-Email"模式

ARJ21 飞机空调系统供应商为法国 LTS 公司,与 LTS 公司的交流方式有会议(MOM)、工程协调纪要(ECM)、Email 三种,空调系统根据自身的实际需求,一直遵循如下协调原则。

(1) MOM:技术问题、多议题、时间急、涉及多方协调等。

(2) ECM:单议题、时间要求不急、点-点协调等。

(3) Email:发放 ECM、催促供应商完成行动项、会议信息联络、邀请函发放与请求等。

2.7 科技成果、专利

空调系统科技成果、专利汇总于表 2-7。

表 2-7 空调系统成果与专利

序 号	类 型	名 称
1	科技成果	座舱温湿度限制等效安全技术研究与应用
2	科技成果	民用飞机空气分配系统优化设计与验证
3	科技成果	ARJ21-700 飞机空调系统仿真技术与应用
4	科技成果	ARJ21-700 飞机舱内噪声源分析与降噪技术
5	科技成果	ARJ21 飞机极端气候条件下空调系统性能验证
6	专利	一种空气混合装置
7	专利	一种改善飞机客舱舒适性的送风方案
8	专利	一种飞机座舱结构绝热隔声装置
9	专利	一种飞机座舱温度控制系统
10	专利	一种飞机座舱噪声抑制系统

2.8 相似机型的对比研究

2.8.1 波音飞机空调系统介绍

尽管波音公司的 B737NG 系列和 B757 系列飞机的空调系统子系统分类有所不同，但实现的功能基本类似。一般来说都可实现制冷、空气分配、温度控制、再循环、电子设备冷却等功能。

B737NG 系列与 B757 系列空调系统主要有以下几方面差异。

（1）空调组件：B737NG 系列空调组件初级、次级换热器是串联式，B757 系列是并联式。

（2）货舱是否具备通风加温功能：B737NG 系列货舱不具备通风功能。前后货舱采用排气至货舱与蒙皮之间的夹缝来实现对货舱的加热。前货舱排气来自设备舱和客舱，后货舱排气来自客舱，均不进行温度控制。B757 系列前后货舱均有独立的通风加温系统，系统实现了自动控制，无需驾驶员控制。

（3）门区域是否具有加热功能：B737NG 系列装有门区域加热系统，对登机门和应急舱门进行加热，B757 系列未安装。

2.8.1.1 B737NG 系列

1）系统架构

B737NG 系列的空调系统主要由制冷、空气分配、温度控制、增压 4 个子系统组成，如图 2-2 所示。

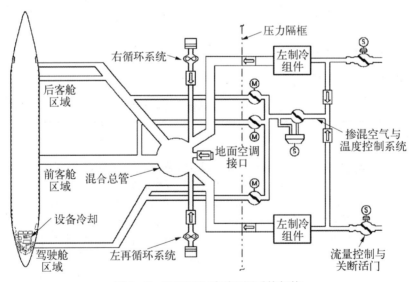

图 2-2 B737NG 系列空调系统架构

来自气源系统的新鲜空气通过左右两个流量控制与关断活门进入空调系统，该活门控制进入飞机的新鲜空气的量，新鲜空气进入制冷组件后通过降温和抽湿，再进入空调分配系统。对左组件的控制通常可保证驾驶舱制冷,而对右组件的控制则可保证对混合总管的制冷。来自组件和地面空调接口的空调空气通过分配系统进入温度控制区域,区域温度控制系统为进入用户区域的空调空气加温,并调节气压。飞机上有三个温度控制区域:驾驶舱区域、前客舱区域和后客舱区域。大约一半的客舱空气经过再循环系统重复利用,以减少新鲜空气的需求量。

（1）制冷系统。

B737NG 系列的制冷系统主要由空调/引气控制面板(在人机接口中介绍)、流量控制与关断活门(FCSOV)、热交换器、空气循环机(ACM)、回热器、冷凝器、冲压空气系统、水分离管等部件组成,如图 2-3 所示。

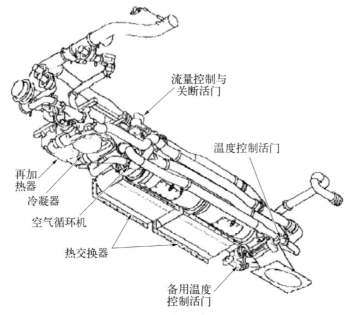

图 2-3　B737NG 系列制冷系统外形

B737NG 制冷系统工作原理如图 2-4 所示。引气通过 FCSOV 进入主交换器,FCSOV 控制并调节进入组件的引气量。主热交换器通过冲压空气将引气降温,冷却的空气进入 ACM 的压缩机,部分冷却引气经 ACM 压缩压力和温度升高,高温压缩空气回到次热交换器,再次通过冲压空气降温。冷却空气再经水分离管除湿后首次进入再加热器,在高温部分被来自冷凝器的冷空气低温部分预冷却。引气再次进入再加热器时,在低温部分被高温部分再加热再回到 ACM 的涡轮部分。

在 ACM 涡轮里压缩热空气膨胀做功温度降低,被送到冷凝器低温部分经再加热器高温部分出来,进入冷凝器的高温部分的空气加温后进入空调组件的分配系统。

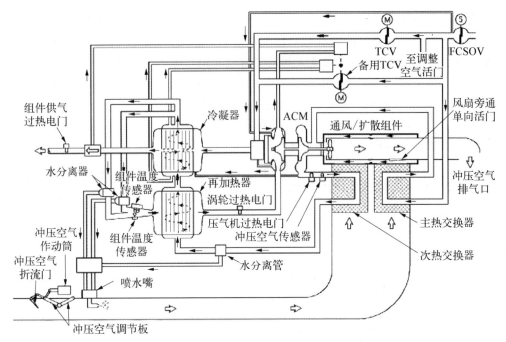

图 2-4   B737NG 系列制冷系统工作原理

高温部分空气则在冷凝器内再次被冷却后分为两路分别进入两个水分离器,经水分离器再次除水后进入再加热器的低温部分被再次加热后进入 ACM 的涡轮部分。

部分冷空气从冷凝器核心旁通出来可防止冷凝器结冰,备用温度控制阀(TCV)可以感觉到冷凝器的结冰情况,它可以向涡轮保温套输送热空气以防冰。

过热电门可以在过热的情况下自动停止组件的运转以保护系统。

(2) 空气分配系统。

空调分配系统将空调空气分配给 3 个飞机区域,它可以减少飞机发动机引气的需求,可以除去厕所和厨房内的难闻气味,还可以为电子设备供应冷却空气。它包括主分配系统与地面空调接口、驾驶舱空调分配系统、客舱空调分配系统、再循环系统、通风系统和设备冷却系统,见图 2-2。

a. 主分配系统与地面空调接口

主分配系统将空调空气分配给驾驶舱和前后客舱,空调空气来自空调组件的地面空调和再循环系统,如图 2-5 所示。

地面空调接口可以让外接空调进入飞机的空调系统,该接口在分配舱内,分配总管的下面,它的外部接近盖板,在空调舱的前面。在地面接口里面有个单向活门,当飞机空调系统工作时,关闭活门可以防止空调漏气。当接上外界空调管后,此活门打开,外接空调就可进入分配系统。

b. 驾驶舱空调分配系统

驾驶舱拥有独立的空调空气来源,这可以保证持续的新鲜空气供应。通常是

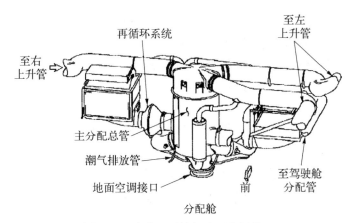

图 2-5　主分配系统与地面空调接口

左空调组件为驾驶舱分配系统提供空调空气,沿着飞机左侧的管道进入驾驶舱。左组件不工作时,右组件也会向驾驶舱提供空调空气。

可以在驾驶舱内控制温度和流量,驾驶员可以为驾驶舱选择与其他区域不同的温度。

c. 客舱空调分配系统

客舱分前后两个区域,温度可以独立控制。来自主分配总管的空调空气通过侧壁上升管道(左侧 2 根,右侧 1 根)进入顶板分配总管,再通过侧壁的空调口进入客舱、厨房和厕所,客舱废气通过地板上的栅格进入再循环系统或机外。

d. 再循环系统

再循环系统为客舱区域的通风,它的运转可以减少对发动机引气的需求,可保证良好的推力管理并降低油耗。

再循环系统收集客舱的空气,并与组件空气一起被送到分配系统。

位于分配舱的两个再循环空气滤可以将空气中的细菌及微生物级别的细小颗粒过滤掉。

同样位于分配舱的两个再循环风扇可以增加进入主分配系统的空气流量。风扇和主分配总管之间的单向活门可以防止空气从主分配总管进入再循环系统。

e. 通风系统

位于厨房和厕所的通风口可以将此处的废气排出机外。

f. 设备冷却系统

设备冷却系统使用风扇为电子舱和驾驶舱的设备降温,包括供气和排气系统。供气和排气系统使空气在管道和总管中运动,这些管道和总管与电子/电气设备的外壳相通。低流量电门监视管道的冷却气流。

(3) 温度控制系统。

温度控制系统从 FCSOV 下游引气,分成三条支路,将空气分别供入三条分配主管,实现对驾驶舱区域、前客舱区域和后客舱区域的单独温控。每个区域的温度可在 18～30℃ 范围内进行选择。

当空调组件运转时,温度控制系统就开始工作。组件/区域温度控制器从温度控制面板获得控制信号,从客舱和驾驶舱的温度传感器获得温度信号,再通过空调附件控制组件(ACAU),发出控制和操作信号来控制温度。

(4) 增压系统。

该节内容详见《波音飞机压调系统共通性研究分析》。

2) 人机接口

B737NG 的控制面板兼具控制与显示的功能。空调系统的控制与指示由空调/引气控制面板、温度控制面板、设备冷却面板和座舱高度、压力控制面板组成,见图 2-6。

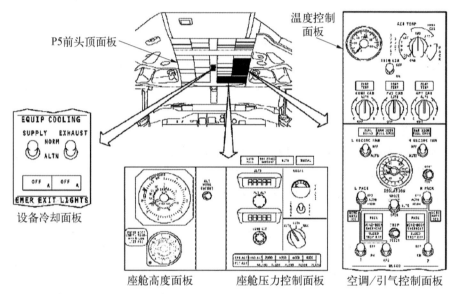

图 2-6　空调系统控制面板

(1) 空调/引气控制面板。

空调/引气控制面板如图 2-7 所示。该面板上有冲压空气门全开(RAM DOOR FULL OPEN)指示灯、左右组件(L/R PACK)电门、组件(PACK)超温指示灯以及组件复位开关。组件电门放在 OFF 位时,相应的 FCSOV 关闭。

当组件电门放在自动(AUTO)位时,如果任意一个发动机引气电门放在 ON 位,则 FCSOV 在低流量模式工作;如果两个发动机引气电门都放在 OFF 位,或者飞机在空中并且襟翼在收上位,则 FCSOV 在高流量模式工作。

当组件电门放在高(HIGH)位时,FCSOV 在高流量模式工作。

(2) 温度控制面板。

在该面板上有三个温度选择器、三个管道过热灯、配平空气电门、温度指示器和气温选择器、配平空气活门位置指示。

温度选择器控制相应的温度控制区域,每个区域的温度可在 18~30℃范围内进行选择。选择器放在 OFF 位可以关闭相应区域的配平空气调节活门。

气温选择器选择需要显示温度的区域和组件,温度指示器则显示被选择区域或部件的温度值。

(3) 设备冷却系统控制面板。

该面板上有设备冷却供气(SUPPLY)电门和排气(EXHAUST)电门,每个电门都有两个位置:正常(NORM)和备用(ALTN),用来运转正常或备用风扇。

当设备冷却流量被探测器检测到不足时,在地面上的机组会得到声音警告,MASTER CAUTION 灯和设备冷却面板上的琥珀色 OFF 警告灯都亮,提醒机组关掉电源系统防止过热。

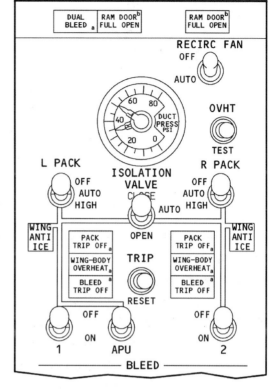

图 2-7 空调/引气控制面板

2.8.1.2 B757 系列飞机

1) 系统架构

B757 系列飞机的空调系统可分为空调组件包、再循环、空气分配系统、座舱(区域)温度控制、通风、货舱加温和辅助加温系统等 7 个子系统,系统架构见图 2-8,系统原理见图 2-9。

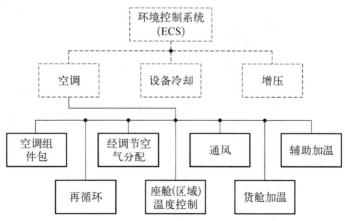

图 2-8 B757 系列空调系统架构

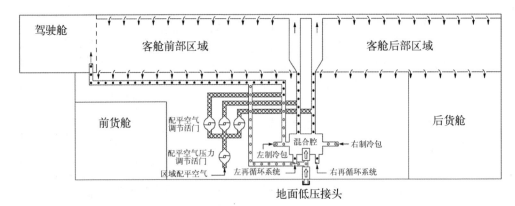

图 2-9　B757 系列飞机空调系统原理

　　由于国内一般将设备冷却划归为空调系统,因此将设备冷却这部分也在此进行分析介绍。

　　(1) 空调组件包。

　　B757 系列飞机空调和温度控制系统利用引气气源进行工作,建立一个经调节的空气气源,并由系统控制此气源,以在旅客区域和驾驶舱范围内维持所选定的温度和通风率。由空气循环机(ACM)制冷,通过数字式控制器和电动气压阀或电动阀的工作,实现各种自动温度控制功能。在 ACM 内使用空气轴承则无需检查润滑油油面,并使用高压水分离系统,没有需要更换的凝聚袋,由此避免了定期的维修。B757 系列飞机空调组件包示意见图 2-10。

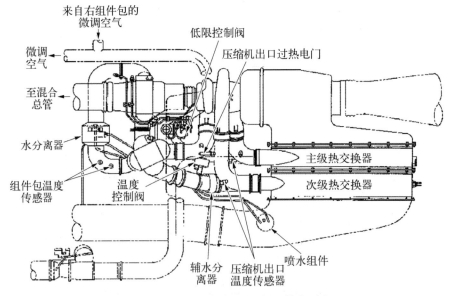

图 2-10　B757 系列飞机空调组件包示意

（2）再循环系统。

为了减少驾驶舱和旅客舱内通风所需的引气流量，已设置一套再循环系统。此系统使座舱空气再循环，并使座舱空气在空调组件包出口处分配到旅客舱区域之前与之混合。全旅客舱总空气流量中大约 1/2 的流量是再循环空气，这样可以维持合适的通风和合理的供气温度，降低来自引气气源的所需引气量。

（3）空气分配系统。

由来自左空调组件包经调节空气出口管道的分配管路，提供驾驶舱空气分配，输往地板、肩部和风挡出口。旅客舱空气分配来自混合总管，经过侧壁竖管和顶部分配管道。顶部管道向旅客区域（前和后）、盥洗室和厨房提供经调节的空气。旅客微调空气管道内装有消声器，在微调空气系统处于使用状态时，有助于降低侧壁竖管内的噪声。

（4）座舱（区域）温度控制系统。

主（区域）温度控制系统使用来自供气系统的预调节空气作为区域的微调空气源。区域温度控制器为系统提供自动控制，并使用来自各传感器的反馈来确定最冷区域要求。区域温度控制器向冷却组件包传送信号以操纵所要求的温度，然后使用微调空气系统来加温其余的 2 个区域，达到所要求的温度。各传感器和电门为微调空气系统提供反馈和温度防护，区域控制器为系统提供故障监控。

（5）通风。

安装自动控制通风系统去除来自盥洗室和厨房的异味，并为后设备架提供抽风冷却。这一系统使用两台风扇之一，从上述区域抽取空气，因此不依赖于飞机增压系统。

（6）货舱加温。

前后货舱都具有独立的加温系统，系统实现了自动控制，不需要驾驶员操作。当货舱温度低于 10℃时，加温系统将自动开启；当温度高于 21℃时，系统自动关闭。此系统使用来自货舱的空气循环，通过加温回路，然后返回进入货舱。

（7）辅助加温。

辅助加温系统使用管路内电加温器，以增加向驾驶舱内冷点供气的分配管道内空气温度。此系统也在驾驶舱内使用辐射加温器。

（8）设备冷却。

设备冷却系统为前设备中心和主设备中心，并为驾驶舱仪表板以及设备提供冷却。

2）人机接口

环境控制系统（ECS）将在 EICAS 上显示以下三类信息：

（1）报警信息。

对于 ECS 系统内的具体失效情况，以注意或提示方式呈现的报警信息，自动显示在 EICAS 显示器上,并伴随有相关的声响和声调。

（2）状态信息。

作动状态显示电门时,ECS 系统的状态信息出现在 EICAS 显示器上。

（3）维修信息。

作动环境控制系统/信息（ECS/MSG）显示选择电门时（见图 2-11）,所有 ECS 系统的维修信息显示在 EICAS 下显示器上（见图 2-12）。维修信息显示提供受监控 ECS 子系统的实时读出。可记录自动（AUTO）和人工（MAN）事件,并且可调用这些显示。

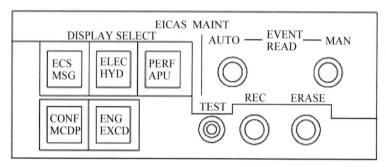

图 2-11　EICAS 信息选择面板（参考）

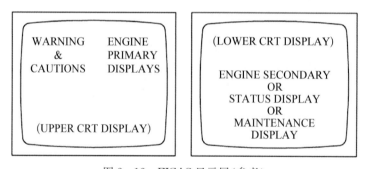

图 2-12　EICAS 显示屏（参考）

3）控制面板

B757 系列飞机空调系统的控制面板实现了空调组件包、再循环系统、主（区域）温度控制和辅助加温的控制,见图 2-13。

（1）空调组件包。

冷却组件包控制选择器可以按自动方式或备份方式控制冷却组件包。选择"自动（AUTO）"可使冷却组件包温度控制器控制冷却组件包。

选择备份—正常（STBY-N）,将冲压系统固定于全开位置,温度控制阀固定于全闭位置,并使备份温度控制器控制低限控制阀。

选择备份—冷却（STBY-C）,将冲压系统固定于全开位置,温度控制阀固定于全闭位置。

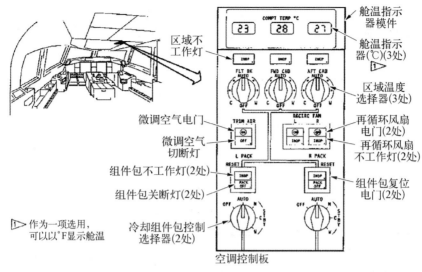

图 2-13　空调控制面板

选择备份—加温(STBY-W),将冲压系统固定于全开位置,温度控制阀固定在全开位置。

冷却组件包关断(PACK OFF)灯燃亮,指示流量控制阀关闭。不工作(INOP)灯燃亮,指示冷却组件包温度控制器已探测到在冷却组件包内的一个故障,或者在各自的冷却组件包内探测到一个过热状态,在冷下来之后,可以推压 INOP/PACK OFF 灯组件,以使过热状态复位(RESET)。

(2) 再循环系统。

一个交替运动的电门灯提供各再循环风扇的控制。INOP 灯燃亮,表示一台风扇失灵。

(3) 主(区域)温度控制系统。

微调空气(TRIM AIR)交替作动的电门灯,使微调空气系统启动工作/不可供使用。区域温度控制选择器提供温度选择(18~30℃),并使区域温度控制器启动工作,以提供 3 个区域的自动温度控制。

INOP 灯燃亮,指示区域温度控制器已探测到在主温度控制系统内有一个故障,或者在其中一个区域内存在一个过热状态。由各个指示器显示每一区域的舱内温度。

(4) 辅助加温。

扳动式电门允许选择高和低,以在飞行中提供足部和肩部加温。

2.8.1.3　小结

B737NG 系列与 B757 系列在系统架构方面比较类似,都包括制冷系统、空气分配系统、再循环系统和温度控制系统等子系统,都可实现空气冷却、座舱温度调节、压力调节等功能。除此之外,两者也可实现各自独有的功能,如 B737NG 系列有门区域加热功能，而 B757 系列则可实现货舱通风加温、驾驶舱辅助加温等功能。在控制面板方面，两者都采用了旋钮、电门、告警灯和温度显示组合的方式，但 B757 系列还可显示空调系统的告警、状态及维修信息。

2.8.2　空客系列飞机

空客 A318、A319、A320、A321 系列飞机均源自 A320，其相互间具有很好的共通性。A318、A319、A320、A321 系列飞机相同的飞控系统和电子设备方便了飞机的维护，大大降低了维修成本。

A330 和 A340 飞机拥有相同的机身设计（只是长度不同）；相同的机翼、尾翼设计；相同的驾驶舱布置；相同的起落架及各种系统；85% 的零部件可以互相通用。A330 和 A340 飞机的共通性设计，降低了飞机研制费用、降低了飞机维修的成本及备用航材的库存。由于具有相同的驾驶舱布置，使得驾驶员只要接受相同的飞行训练，就可驾驶以上不同的客机，因此，A330 和 A340 飞机的驾驶员的通用性增强了航空公司安排驾驶员的灵活性，降低了航空公司的培训成本。

本部分主要对空客系列飞机的空调系统设计进行说明。与其他大多数飞机一样，空客飞机空调系统主要功能为：在正常情况下，将来自引气系统的高温高压的气体调节成具有合适流量、温度和压力的空调供气，通过低压管路输送到增压舱，满足增压舱通风、增压和温度调节要求。也可经过低压地面接头直接提供调节空气，经空气分配系统输送到增压舱。空客飞机的空调系统主要由空气分配系统、增压控制系统、空气冷却系统、温度调节系统组成。

2.8.2.1　A320 系列

A320 系列空调系统从部件到控制逻辑几乎都可以互通，A318、A319、A320 和 A321 飞机之间仅有如下细微的差别。

（1）A318 前货舱不具备通风功能，仅后货舱具备通风功能。A320 系列其他机型前后货舱都具备通风功能，见图 2-14。

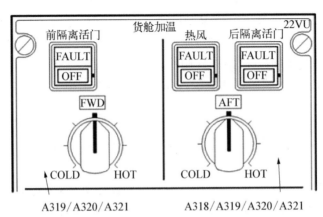

图 2-14　A320 系列飞机货舱控制面板差异

（2）A318 采用空调系统控制器（ACSC）代替其他 A320 系列的组件控制器（Pack Controller）和区域控制器（Zone Controller）的组合。这一改进在功能完全一样的情况下，减少了维护成本。

（3）A318、A321 和 A319/A320 在流量模式上有差别。A318 仅有 HI 流量模式和正常流量模式；A321 仅有 ECON 流量模式和正常流量模式；A319/A320 有 HI 流量模式、LO 流量模式和正常流量模式，见图 2-15。

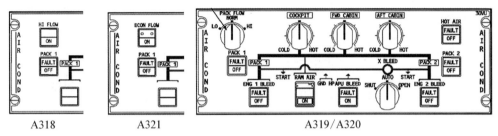

图 2-15　A320 系列飞机流量模式差异

（4）A318 的空调组件防冰活门是通过 ACSC 自动控制的，在失去正常供电的情况下，ACSC 仍能用电池提供受限的温度控制。A320 系列的其他飞机则可以通过备份的全气动传感器提供组件调节和安全的气动功能。

1）系统架构

如前文所述，空客飞机的空调系统主要由空气分配系统、增压控制系统、空气冷却系统、温度调节系统组成。A320 系列空调系统架构见图 2-16。

（1）空气分配系统

空气分配系统将来自空气冷却系统的新鲜空气与座舱的部分排气混合，再输送至座舱。主要包括客舱空气分配和再循环、驾驶舱空气通风、厕所/厨房通风、个人的供气分配、航空电子面板设备通风装置和货舱的通风。

a. 客舱空气分配和再循环

客舱空气分配系统供给调节空气到客舱和驾驶舱。驾驶舱和客舱主供气管来自混合器组件，它是分配系统的中央元件。在混合器组件里新鲜空气来自与客舱和地板下的区域的部分排气混合的空调组件。用再循环风扇经过再循环过滤器到混合器组件抽出再循环空气。主要部件有客舱再循环风扇、单向活门、再循环过滤器、低压管路、应急冲压空气进口、低压地面接头、混合组件。客舱送风管路如图 2-17 所示，再循环系统如图 2-18 所示。

b. 驾驶舱空气通风

驾驶舱空气通风系统为驾驶舱提供温度控制和调节空气，气流来自客舱空气分配系统单独导管内的混合器组件。空气从空气出口和个人的供气口流进驾驶舱，如图 2-19 所示。

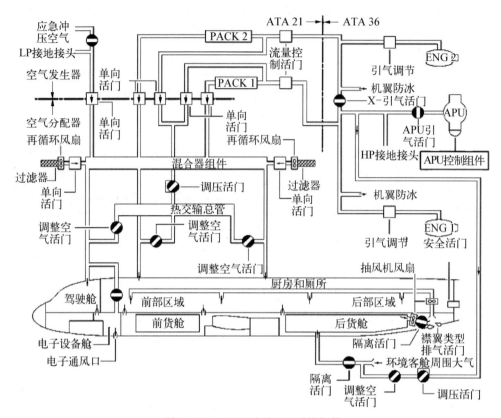

图 2-16　A320 系列空调系统架构

a) 厕所/厨房通风。

盥洗室/厨房通风系统向盥洗室和厨房提供足够的温度控制和调节空气。气流从客舱进入厕所和厨房,经过个人的供气口,空气也从客舱空气分配和再循环系统流入厕所。空气通过厕所和厨房流进一个在放气活门区域的抽风管道排出机外。厕所/厨房通风的主要部件有排气风扇和抽风导管,如图 2-20 所示。

b) 个人的供气分配。

个人的供气分配由系统供给温度控制和调节,来自客舱分配和再循环系统的空气经过个人的供气口流到每个旅客处。主要部件为个人供气口,如图 2-21 所示。

c) 电子设备通风系统。

电子设备通风系统确保航空电子设备架有良好的通风用于冷却。它在不同的状态下操作,这些状态取决于环境温度、飞机是否在地面或者在飞行中是否存在系统失效。主要部件为鼓风机风扇和抽气风扇。电子设备通风总体布局见图 2-22。

d) 货舱的通风。

客舱空气经过安装在机身下部的导管吸入后货舱;沿着舱左侧侧壁的出口引

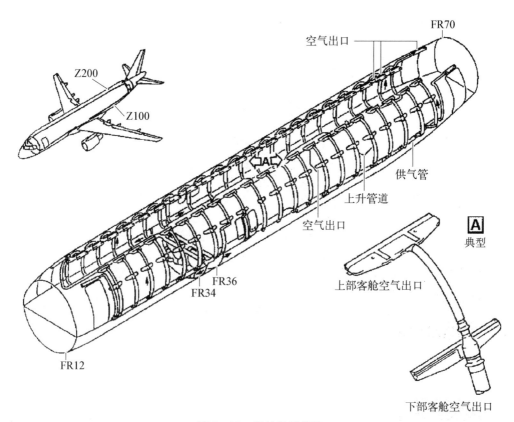

图 2-17 客舱送风管路

导空气流向货舱地板区域;空气从舱内经过位于舱顶板附近的出口抽出。主要部件有后货舱隔离活门和排气风扇。

(2) 空气冷却系统。

根据实际的座舱冷量要求,采用两个空调组件将来自引气系统的高温空气冷却至合适的温度。每个组件包括初级热交换器、主热交换器、空气循环机、高压水分离器和旁通活门。在起飞和着陆阶段,冲压空气进气门系统将关闭以防止吸入可能

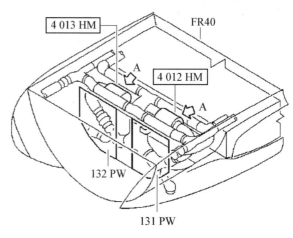

图 2-18 再循环系统

损坏或者污染热交换器的外来物。空气冷却系统包括流量控制和指示、空气冷却子系统、组件冷却-空气控制、应急冲压-空气进口。

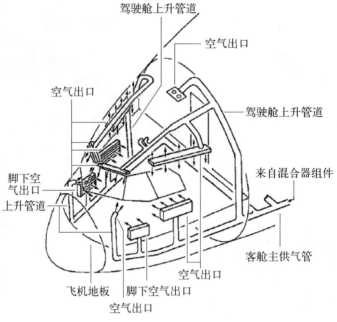

图 2 - 19　驾驶舱空气通风

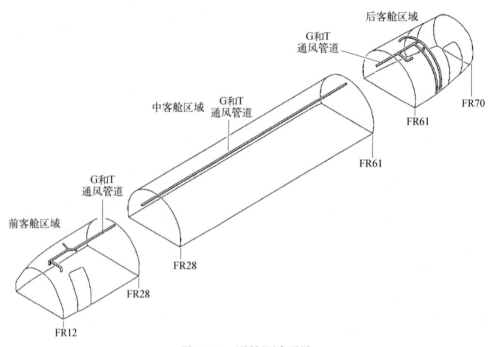

图 2 - 20　厕所/厨房通风

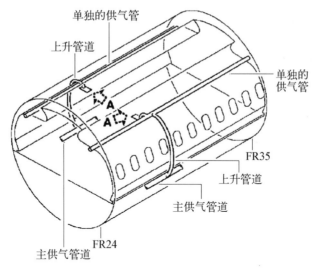

图 2-21　个人供气分配

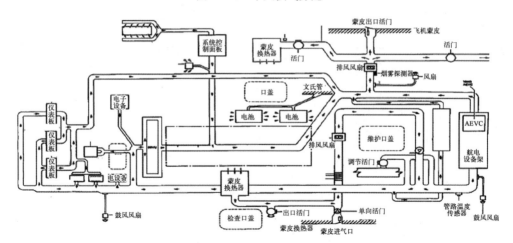

图 2-22　电子设备通风总体布局

a. 流量控制和指示

流量控制和指示系统安装在腹部整流罩区域,用于控制供给空调组件的新鲜空气量,主要由臭氧转换器、流量控制活门、流量传感器和混合器挡板作动筒组成。流量控制提供 3 种模式选择:

a) 正常位置,即设定流量控制活门到正常流量的 100%。

b) LO 位置,即设定流量控制活门到正常流量的 80%。

c) HI 位置,即设定流量控制活门到正常流量的 120%。

当出现以下情况时,流量控制活门自动关闭:

a) 有一个发动机起动。

b) 有一个发动机火警按钮电门松开。

c) 有压气机过热。

d) 引气压力过低。

e) 水上迫降按钮电门处于接通位置。

f) 相应组件按钮处于关闭位置。

b. 空气冷却子系统

空气冷却子系统安装在腹部整流罩区域,用于冷却来自引气系统的热空气,然后传送到分配系统。主要由空调组件、单向活门和通风进口组成,如图 2-23 所示。

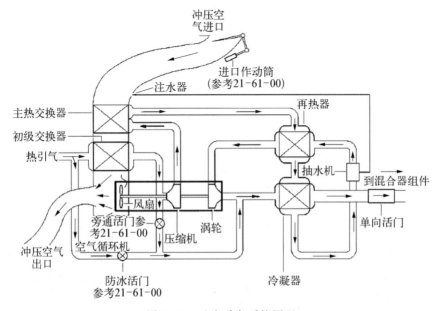

图 2-23　空气冷却系统原理

c. 组件温度控制系统

组件温度控制系统将组件出口的温度控制在规定值。主要由防冰活门、若干温度传感器、压气机过热传感器、组件出口压力传感器、冲压空气-进口作动筒和组件进口压力传感器组成。主要部件见图 2-24。

d. 应急冲压空气进口

应急的冲压空气进口安装在左侧机身的腹部整流罩中,在两个组件均失效的情况下,应急的冲压空气进口提供用于飞机通风的冲压空气。主要由应急冲压进气口作动筒和单向活门组成。

(3) 温度调节系统。

温度调节系统用于保持和控制客舱与驾驶舱的区域温度和通风比率,同时实现货舱通风。温度调节系统包括驾驶舱和客舱温度控制系统与组件温度控制系统。

a. 驾驶舱和客舱温度控制系统

驾驶舱和客舱温度控制系统可实现驾驶舱和客舱的分区控制,其中客舱分成

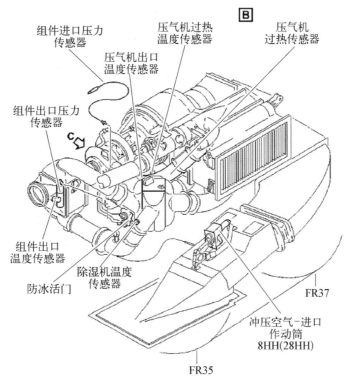

图 2-24　组件温度控制相关部件

前区和后区。主要包括配平空气活门、配平空气压力调节活门、区域温度传感器、导管温度传感器、混合器温度传感器、配平空气单向活门、温度选择器和热空气压力活门，如图 2-25 所示。

b. 组件温度控制系统

参见"空气冷却系统"的"c. 组件温度控制系统"。

2）人机接口

（1）故障指示。

重要故障将以以下几种形式在驾驶舱显示：

（a）MASTER WARN 灯亮并听到连续的重复谐音。

（b）MASTER CAUT 灯亮并听到单谐音。

（c）相应的 FAULT（故障）灯亮。

（d）在电子中央飞机监控系统（ECAM）上显示组件上的警告信息出现，如图 2-26 所示。

（e）相应的页出现在 ECAM 的下显示器上，并显示不正常状况。

（2）中央故障显示系统（CFD）。

ECAM 系统设计用于给出正常和不正常的操作帮助。它是一个显示系统，在飞机功能上给出机组人员所有必要的信息。空调系统在 ECAM 上显示的警告和

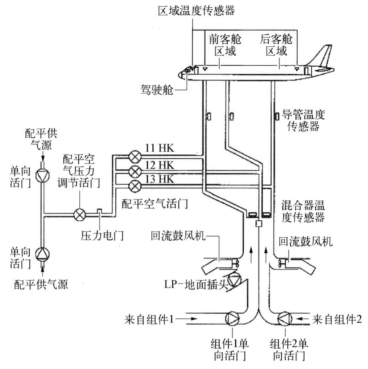

图 2-25 驾驶舱和客舱温度控制系统

告诫如下：

  (a) 左空调组件（或者右空调组件）过热。

  (b) 左空调组件（或者右空调组件）故障。

  (c) 左右空调组件同时故障。

  (d) 驾驶舱（或者前客舱或后客舱）管道过热。

  (e) 热空气故障。

  (f) 左右客舱风扇故障。

  (g) 厨房或厕所风扇故障。

  (h) 电子舱鼓风机和抽风机故障。

  (i) 电子舱鼓风机故障。

  (j) 电子舱抽风机故障。

  (k) 电子系统故障。

  (l) 电子舱蒙皮活门故障。

  (m) 后货舱隔离活门故障。

  (n) 后货舱通风故障。

  (o) 后货舱管道过热。

  (p) 后货舱加热故障。

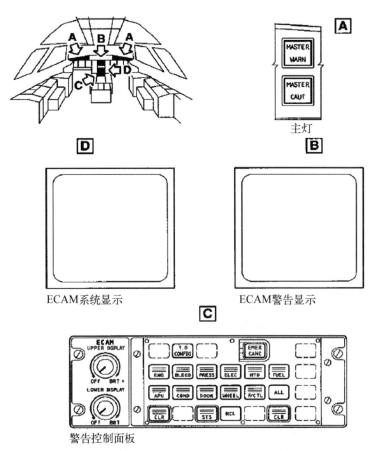

图 2-26　控制和指示器位于飞机电子中央监控系统(ECAM)

流量控制和指示、引气显示、空调显示和温度显示如图 2-27～图 2-30 所示。

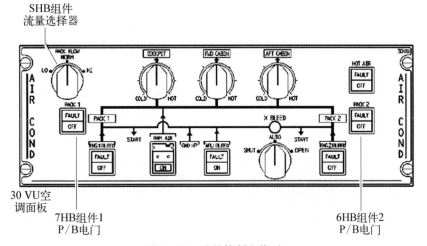

图 2-27　流量控制和指示

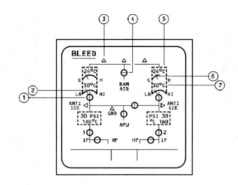

① 组件流量控制活门
① PACK FLOW CONTROL VALVE
　◇ DISPLAYED IN GREEN = VALVE OPEN
　　显示绿色=活门打开
　◇ DISPLAYED IN AMBER = VALVE NOT FULLY
　　CLOSED AND DISAGREE
　　显示琥珀色=活门没有完全关闭和断开
　◇ DISPLAYED IN GREEN = VALVE CLOSED
　　显示绿色=活门关闭
　◇ DISPLAYED IN AMBER = VALVE CLOSED
　　AND DISAGREE
　　显示琥珀色=活门关闭和断开
　　XX (AMBER) = VALVE POSITION FROM
　　SDAC NOT VALID
　　XX(琥珀色)=来自SDAC的活门位置无效
② PACK FLOW 组件流量
　　PACK FLOW IS DISPLAYED IN GREEN
　　= NORMAL
　　组件流量显示绿色=正常
　　PACK FLOW DISPLAYED IN AMBER
　　= FULLY CLOSED
　　组件流量显示琥珀色=完全关闭
　　XX (AMBER) PACK FLOW VALVE (OR CAB
　　PRESS/CAB ALT) NOT VALID
　　XX(琥珀色)组件流量活门(或者客舱压力/客舱高度)无效
③ AIR DUCT SUPPLY 空气管道供给
　△ DISPLAY IN GREEN 显示绿色

④ RAM AIR INLET VALVE 冲压空气进口活门
　◇ DISPLAY IN GREEN = FULLY CLOSED
　　显示绿色=完全关闭
　◇ DISPLAY IN AMBER = FULLY OPEN
　　显示琥珀色=完全打开
　◇ DISPLAY IN AMBER = VALVE IN TRANSFER
　　显示琥珀色=活门移动
　　XX (AMBER) = VALVE FAULT
　　XX(琥珀色)=活门故障
⑤ PACK OUTLET TEMPERATURE 组件出口温度
　　TEMP IS DISPLAYED IN GREEN WHEN <90°C
　　温度显示绿色当<90°C时
　　XX (AMBER) TEMP VALUE NOT AVAIL
　　XX(琥珀色)温度值无效
⑥ TEMPERATURE CONTROL VALVE 温度控制活门
　　POSITION IS DISPLAYED IN GREEN 位置显示绿色
　　C (COLD) = VALVE IS CLOSED C(冷的)=活门关闭
　　H (HIGH) = VALVE IS OPEN H(高)=活门打开
　　XX (AMBER) VALVE POSITION NOT VALID
　　XX(琥珀色)活门位置无效
⑦ PACK COMPRESSOR OUTLET TEMPERATURE 组件压缩机出口温度
　　TEMP DISPLAYED IN GREEN = TEMP IS IN RANGE
　　温度显示绿色=温度在范围内
　　TEMP DISPLAYED IN AMBER = TEMP ≥ 230°C
　　温度显示琥珀色=温度≥230°C
　　XX (AMBER) TEMP NOT AVAIL
　　XX(琥珀色)温度无效

图 2-28 引 气 显 示

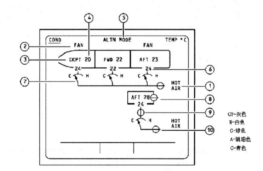

① TRIM AIR PRESSURE REG VALVE
　　调整空气调压活门
　⊖ (G) VALVE OPEN
　　活门打开
　⊖ (G) VALVE CLOSED
　　活门关闭
　　(A) WHEN VALVE FAULT
　　当活门故障时
② IF CABIN FAN FAULT
　　(A) FAN 如客舱风扇故障
　　风扇
③ ZONE (W)
　　区域 舱温
④ COMPARTMENT TEMPERATURE (G)
　　IF L & G FAN INOP CABIN ZONE
　　INDICATION REPLACED BY XX(A)
　　如L&G风扇不工作客舱区域指示用XX(A)更换
⑤ IF CONTROLLER FAULT (A)
　　如控制器故障
⑥ DUCT INLET TEMPERATURE (G)
　　IF DUCT T° ≥ 80°C
　　(A) WHEN DUCT T° ≥ 80°C 管道进口温度(G) (A)当管道温度≥80°C
⑦ TRIM AIR VALVE (G)
　　H=HOT VALVE OPEN
　　C=COLD VALVE CLOSED
　　(A) WHEN VALVE FAULT 调整空气活门(G)
　　H=热活门打开
　　C=冷活门关闭
　　(A)当活门故障时

⑧ CARGO OUTLET ISOLATION VALVE
　　货舱出口隔离活门
　⊖ (G) VALVE OPEN
　　活门打开
　⊖ (G) VALVE CLOSED
　　活门关闭
　　(A) WHEN VALVE FAULT
　　当活门故障时
⑨ CARGO INLET ISOLATION VALVE
　　货舱进口隔离活门
　⊖ (G) VALVE OPEN
　　活门打开
　⊖ (G) VALVE CLOSED
　　活门关闭
　　(A) WHEN VALVE FAULT
　　当活门故障时
⑩ CARGO TRIM AIR PRESSURE REG VALVE
　　货舱调整空气调压活门
　⊖ (G) VALVE OPEN
　　活门打开
　⊖ (G) VALVE CLOSED
　　活门关闭
　　(A) WHEN VALVE FAULT
　　当活门故障时

GY-灰色
W-白色
G-绿色
A-琥珀色
C-青色

图 2-29 空 调 显 示

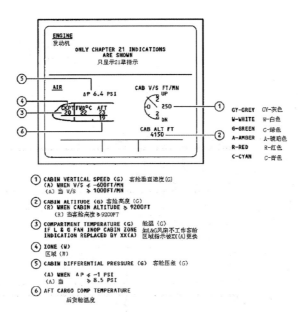

图 2-30 温 度 显 示

2.8.2.2 A330 空调系统设计

1) 系统架构

A330 空调系统架构见图 2-31。

(1) 空气分配系统。

A330 空气分配系统主要由电子通风系统、组件舱通风系统、电瓶通风系统、厕所/厨房通风系统和混合腔组件组成。

a. 电子通风系统

电子通风系统提供电子舱和驾驶舱仪表板的通风冷却,主要包括以下设备及功能:

(a) 座舱鼓风风扇为电子设备舱提供冷却空气。

(b) 抽气风扇将电子设备舱排气抽出机外。

(c) 在风扇失效或排烟模式下,可人工开启排气阀排气。

b. 组件舱通风系统

组件舱通风系统提供组件舱的通风冷却。在空中,冷却空气来自外界空气;在地面,冷却空气来自气源系统的涡轮风扇。

c. 电瓶通风系统

电瓶通风系统直接抽取电瓶周围的外界大气,再通过安装在飞机蒙皮上的文氏管排出机外。

d. 厕所/厨房通风

厕所/厨房通风系统由抽风风扇直接抽吸外界大气,再由排气阀排出机外。

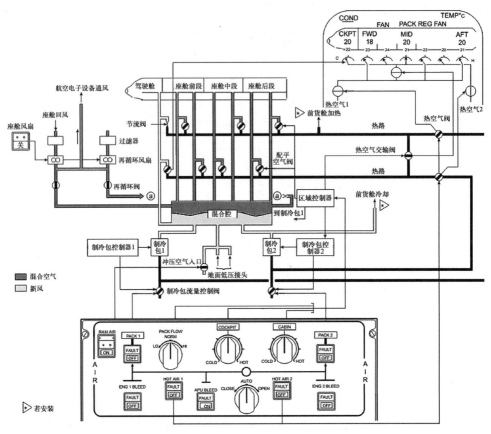

图 2-31 A330 空调系统架构

e. 混合腔组件

混合腔组件将来自客舱和组件的空气混合,再通过下游管路分配给驾驶舱和客舱。

(2) 空气冷却系统。

与 A320 系列相同,A330 的空气冷却系统也是根据实际的座舱冷量要求,采用两个空调组件将来自引气系统的高温空气冷却至合适的温度。每个组件包括初级热交换器、主热交换器、空气循环机、高压水分离器和旁通活门。在起飞和着陆阶段,冲压空气进气门系统将关闭以防止吸入可能损坏或者污染热交换器的外来物。空气冷却系统主要由流量控制系统、空气冷却子系统和应急冲压空气进口组成。

a. 流量控制系统

流量控制系统根据组件控制器接收到的信号调节空气流量。当组件过热、发动机启动、火警或水上迫降按钮工作、发动机启动时舱门未关或上游压力不正确时,流量控制系统自动切断引气。流量控制系统控制逻辑如下:

(a) 机组可以根据旅客人数及外部条件使用组件流量(pack flow)选择器来调

节组件流量。

（b）不论机组选定何种流量，在单组件操作或 APU 供气时系统都输送高流量。

（c）若机组选择 LO 流量不能满足所需温度，则区域控制器发出资讯信息通知机组人员选择正常流量。

b. 空气冷却子系统

空气冷却子系统用于冷却来自引气系统的热空气，然后传送它到分配系统。主要由空调组件、单向活门和通风进口组成，如图 2‐32 所示。

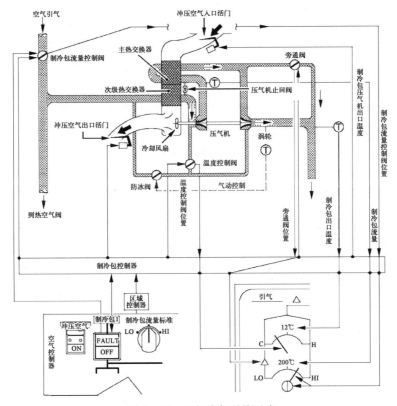

图 2‐32 空气冷却系统示意

c. 应急冲压空气进口

在两个组件均失效的情况下，应急的冲压空气进口提供用于飞机通风的冲压空气。主要由应急冲压进气口作动筒和单向活门组成。

（3）温度调节系统。

温度调节系统通过热空气压力调节活门及配平空气活门进行优化，配平空气活门把组件上游抽出的热空气通过两个热空气总管通入混合装置空气中。

温度调节由一个区域控制器和两个组件控制器进行控制。每个组件控制器通过调节温度控制活门、冲压空气进气及出气口折板的位置，来调节与之相连的组件的温度,使之与区域控制器发送的需求信号一致。驾驶舱和客舱参考温度可在驾驶舱内的控制面板上选择,前乘务面板上有一个控制面板,可在一定范围内(±3℃)修改每个区域的温度,该功能的实现由区域控制器控制。

2) 人机接口

(1) 故障指示。

重要故障将以以下几种形式在驾驶舱显示:

(a) MASTER WARN 灯亮并听到连续的重复谐音。

(b) MASTER CAUT 灯亮并听到单谐音。

(c) 相应的 FAULT(故障)灯亮。

(d) 在电子中央飞机监控系统(ECAM)上显示组件上的警告信息出现。

(e) 相应的页出现在 ECAM 的下显示器上并显示不正常状况。

(2) 中央故障显示系统。

ECAM 系统设计用于给出正常和不正常的操作帮助。它是一个显示系统,在飞机功能上给出机组人员所有必要的信息。空调系统在 ECAM 上显示的警告和告诫如表 2-8～表 2-10 所示;A330 空调系统控制面板如图 2-33 所示。

表 2-8　ECAM 警告和告诫(1)

E/WD：失效标题条件	音响警告	主警告/注意灯	调出的系统显示页面	局部警告	受抑制的飞行阶段
组件 1(2)过热 组件压缩机出口温度＞260℃或组件出口温度＞95℃	单谐音	主注意	引气	PACK FAULT lt	3,4,5,7,8
组件活门 1(2)故障 组件活门位置与选择的位置不一致					
组件 1(2)OFF 组件按钮在 OFF 位无失效				PACK OFF 灯	1 至 5 7 至 10
组件 1+2 故障 一个组件关闭,然后另一个故障				PACK FAULT lt	
组件 1(2)调节故障 组件控制器故障或空气仅由热交换器冷却(ACM故障或RAM门在关闭位失效或温度控制活门失效)	无	无		无	3,4,5,7,8
ZONE CTLR 1(2) FAULT 区域控制器的一个通道失效			无		1 至 5 7,8
区域调节器故障 区域控制器失效或热空气 1+2 失效	单谐音	主注意	空调		3,4,5,7,8

（续表）

E/WD：失效标题条件	音响警告	主警告/注意灯	调出的系统显示页面	局部警告	受抑制的飞行阶段
DUCT OVHT FWD CRG, COCKPIT, FWD/MID/AFT CABIN 管道温度>88℃	单谐音	主注意	空调	热空气故障灯	3,4,5,7,8
热引气系统1(2)故障 热空气活门1(2)且热空气交输活门在关闭位失效	无	无		无	
L+R(L,R) CAB VENT FAULT CAB 风扇或循环活门故障	单谐音	主注意			3①, 4,5,7,8

注：① 只在单一故障情况下。

表 2-9　ECAM 警告和告诫(2)

E/WD：失效标题条件	音响警告	主警告/注意灯	调出的系统显示页面	局部警告	受抑制的飞行阶段
BLOWING FAULT① CED 探测到低冷却能力	单谐音	主注意	无	无	4,5,7,8
EXTRACT FAULT① 压力开关探测到低排气流量			座舱增压	抽风扇故障灯	3,4,5,7,8
OVBD VALVE FAULT 发动机启动活门打开或超控后未部分打开					
PACK BAY VENT FAULT① 经过涡轮风扇时探测到 LOΔP，至少一个组件工作			无	无	3 至 8
LAV+GAL VENT FAULT	无	无			

注：① 5 min 之后伴有地面外部喇叭声响起。

表 2-10　ECAM 警告和告诫(3)

E/WD：失效标题条件	音响警告	主警告/注意灯	调出的系统显示页面	局部警告	受抑制的飞行阶段
VENT SYS FAULT 通风控制器故障	单谐音	主注意	空调	无	3,4,5,7,8

（续表）

E/WD：失效标题条件	音响警告	主警告/注意灯	调出的系统显示页面	局部警告	受抑制的飞行阶段
BULK （FWD） CRG HEAT FAULT ◀▰ 加温系统故障	无	无	空调	无	3,4,5,7,8
BULK （FWD）（AFT） CRG VENT FAULT ◀▰ 通风系统故障					
BULK （FWD）（AFT） CRG ISOL FAULT ◀▰ 货舱隔离活门			无	ISOL VALVE FAULT 灯	
FWD CRG COOL FAULT ◀▰ 加温系统故障				无	
BULK CRG DUCT OVHT ◀▰ 管道温度＞88℃或高于80℃在一段航班中发生四次	单谐音	主注意	空调	热空气故障灯	
IFE BAY VENT FAULT ◀▰	无	无	无	无	

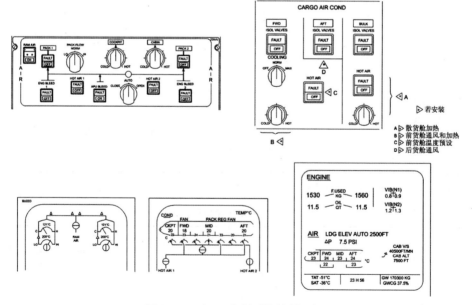

图 2-33 A330 空调系统控制面板

3 压调系统

3.1 系统简介

座舱压力调节系统(简称压调系统)是飞机环境控制系统的重要分系统之一,保证飞机在整个飞行过程中能按照预先设计的座舱调压规律自动调节座舱压力,使座舱内的绝对压力和压力变化速率保持在规定的范围内,满足人体氧分压最低生理要求及人耳对座舱压力变化速率的承受能力,确保座舱内外维持一个合适的压差以保证飞机的结构安全,从而为成员提供一个安全、舒适的大气压力环境。

ARJ21飞机座舱压调系统主要由排气活门、安全活门(2个)和地面活门组成,系统原理见图3-1。

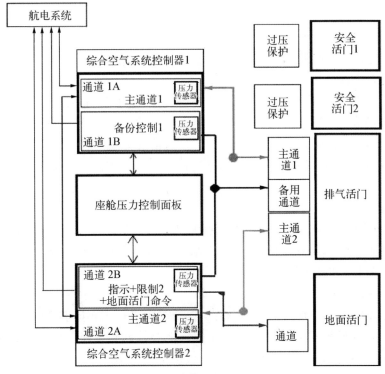

图 3-1 压调系统原理

3.1.1 特点和设计要求

压调系统应确保包括瞬态条件在内的所有正常工作状态下，座舱压力、座舱压差和座舱压力变化速率均限制在允许范围内，满足旅客对安全性、舒适性的要求及飞机结构强度的要求，同时满足西部高原环境的特殊起降需求。

与传统飞机类似，ARJ21飞机座舱压力调节系统提供两套独立的数字式自动控制系统，在正常自动控制情况下，仅有一套系统处于工作状态，一旦该套系统出现故障，则能自动转换到另一套系统工作。当两套自动控制系统均失效时，手动调节控制座舱压力。同时，ARJ21飞机也有正释压和负释压功能，用于保证飞行安全。

相比于传统飞机，ARJ21飞机有以下独特设计：压调系统设计有应急卸压功能，即通过控制面板上的应急卸压按钮，可以一键操作实现座舱快速卸压；压调系统的手动模式由控制器调节排气活门，而非由控制面板旋钮直接调节排气活门；压调系统包含地面活门，用于降落后保证舱门的正常开启；压调系统的安全活门兼具正释压和负释压功能。

高原机场情况下，如何保证座舱压差达到残留压差设计要求；如何进行系统设计，保证适航规章明文列出的释压限制要求得到满足；高原起降时的座舱高度告警阈值设计；下降时的座舱增压速率限制值设计；自动通道之间的热备份；系统故障监测设计等都是压调系统设计的难点。

3.1.2 关键技术

关键技术主要体现为座舱压力调节系统高高原设计。

1）理论方法

高高原机场场压较低，飞机在向机场着陆的过程中，座舱压力高度需逐渐接近机场高度，在某些高高原机场会达到座舱压力调节系统座舱高度告警的阀值，从而造成在正常运行条件下告警的情况。高高原设计既要在飞机高原运行时自动识别高原模式，对告警进行调整，又要保证飞机在失压时及时告警。

2）技术要点

针对ARJ21-700飞机高高原运营的特殊条件，制订座舱压力调节系统高高原运行下的控制逻辑，包括不同的压调控制曲线、告警逻辑适应性调节等，保证飞机在高高原条件下顺畅运行。

3）技术途径

针对以上情况，座舱压力调节系统对控制逻辑进行了相应的更改，形成了高高原运行模式，在此模式下，座舱压力调节系统能够根据起飞和着陆机场数据自动判断飞机是否在高高原运行，并根据飞机飞行状态自动调节座舱高度和告警值，避免正常情况下的误告警，使飞机能够满足条款及运营要求。

4）实施结果

在 ARJ21 - 700 飞机试飞取证阶段，座舱压力调节系统开展了高高原验证试飞，提出了针对系统特点的试飞方法，完成了对适航条款符合性的验证工作，并且通过数据分析表明系统达到了预期的功能和性能等设计目标。

5）主要结论

座舱压力调节系统能够很好地适应我国高高原机场的气候条件，在绝大多数机场运行条件下都能够保证系统各项功能能够正常使用，保证性能满足设计要求。

到目前为止 ARJ21 - 700 飞机已在花土沟、格尔木和德令哈三个高高原机场进行过验证试飞工作，座舱压力调节系统在整个验证过程中运行平稳正常，证明了系统座舱压力调节系统高高原模式设计合理完善。很好地体现了 ARJ21 - 700 飞机高高原运行的特点。

3.1.3 技术创新

3.1.3.1 ARJ21 - 700 飞机压调系统 MC5 影子审查

ARJ21 - 700 飞机压调系统 MC5 试验期间，中国民用航空局与 FAA 共同参与审查活动，相关试验报告同时提交 CAAC 与 FAA，试验结果得到了两家审定机构的认可，为国内首次完成的压调系统 MC5 影子审查项目。

此次 MC5 试验为未来型号的压调系统 MC5 试验提供了重要参考，其试验大纲和试验方法可以直接应用于未来型号。

同时，由于该试验为 FAA 影子审查项目，也为未来相关科目的 FAA 影子审查提供了宝贵经验。

3.1.3.2 ARJ21 - 700 飞机压调系统安全活门（SFV）维修告警逻辑

原有设计逻辑：安全活门在低于一定压差时打开，判定活门故障，发出告警。

由于飞机在运行过程中会出现负压的工况，活门打开会造成误告警，因此需对告警逻辑进行改进。

改后逻辑：座舱高度告警后，安全活门打开，发出告警。

更改后的逻辑为结果导向，更能贴近告警触发的工况，提高了告警的置信度。

改进后安全活门的维修告警逻辑优于供应商原有逻辑。

SFV 维修告警逻辑改进方案能够降低 SFV 虚警率，预期将在航线运行中降低 SFV 的虚警更换次数，具有一定的经济效益。

安全活门设计有通用性，在后续型号中都可采用此逻辑进行设计，提高系列飞机的共通性。

3.2 专业研制文件依据

ARJ21 - 700 飞机压调专业的主要研制文件依据见表 3 - 1 和表 3 - 2。

表 3 - 1　压调专业外部主要研制文件依据

序号	类　型	编　号	名　　　称
1	标准规范	ARP 1270	Aircraft Cabin Pressurization Control Criteria
2		DO - 160	Environmental Conditions and Test Procedures for Airborne Equipment
3		DO - 178	Software Considerations in Airborne Systems and Equipment Certification
4		DO - 254	Design Assurance Guidance for Airborne Electronic Hardware
5		MIL - STD - 810	Environmental Testing Methods and Engineering Guidelines
6	适航条款	§ 25.841	增压座舱
7		§ 25.843	增压座舱的试验
8		§ 25.855	货舱和行李舱
9		§ 25.1438	增压系统和气动系统
10	符合性方法	AC 25 - 7	Flight Test Guide for Certification of Transport Category Airplanes
11		AC 25 - 20	Pressurization，Ventilation and Oxygen Systems Assessment for Subsonic Flight，Including High-Altitude Operation
12		AC 25 - 22	Certification of Transport Airplane Mechanical Systems

表 3 - 2　压调专业内部主要研制文件依据

序　号	名　　　称
1	ARJ21 飞机设计技术要求
2	总体布局定义
3	ARJ21 飞机通用技术规范
4	ARJ21 飞机环控系统总体设计要求
5	飞机地面和飞行环境条件总体设计要求
6	ARJ21 飞机客舱设计要求
7	ARJ21 飞机货舱设计要求
8	ARJ21 - 700 飞机重量指标
9	新型涡扇支线飞机寿命可靠性/安全性要求
10	新支线飞机维修性要求
11	ARJ21 机载设备和系统电磁环境效应接口要求

（续表）

序 号	名 称
12	ARJ21飞机空气调节系统布局定义
13	空气管理系统设计要求
14	空气管理系统布局定义
15	座舱压力控制系统定义
16	座舱压力控制系统初步安全性评估
17	电气接口控制文件
18	数字接口控制文件
19	发动机指示和机组告警系统接口控制文件
20	维修接口控制文件

3.3　研制过程技术工作

ARJ21飞机压调系统研制过程主要技术工作汇总于表3-3。

表3-3　压调系统研制过程技术工作

文 档	研 制 技 术 工 作	研 制 阶 段
图纸与规范	系统设计规范	PDR,CDR,CCR
	系统设计描述	PDR,CDR,CCR
	部件设计规范	PDR,CDR(按需)
	硬件设计描述	CDR,CCR
	安装要求	PDR
	系统设计与性能声明(DDP)	SOF,CCR
	原理图	PDR,CDR,CCR
	安装图纸	PDR,CDR,CCR
	部件的三维CATIA模型,图纸树	PDR,CDR
接口文档	功能/机械/电气/数字接口文档	PDR
安全性可靠性	系统安全性工作计划	PDR,CDR
	功能危害分析(FHA)	PDR,CCR
	系统安全性分析(SSA)	CDR,SOF,CCR
	失效模式和影响分析(FMEA)	PDR,CDR,CCR
	故障树分析(FTA)	CDR,CCR
	系统可靠性工作规划	PDR

（续表）

文　档	研 制 技 术 工 作	研 制 阶 段
维修性	技术支持计划	PDR
	维修性分析	CDR
	维修性确认	CDR
	MSG－3分析	CCR
	设备维修性计划	PDR
报　告	系统设计与分析报告	PDR,CDR,CCR
	系统设计计算报告	PDR,CDR
	电磁适应性分析/测试数据	SOF,CCR
	闪电/高能电磁辐射场分析/测试数据	SOF,CCR
	项目计划/状态报告	重要时间节点
	鉴定测试报告,分析报告	SOF,CCR
	设计符合性报告	CDR,CCR
软件文档	软件研发计划	PDR
	软件构型管理计划	PDR
	软件合格审定计划	PDR
	软件测试计划	CDR,CCR
	软件测试报告	CCR
	软件实施完成情况总结(SAS)	SOF,CCR
	软件问题报告总结	SOF,CCR
	软件构型索引	SOF,CCR
分　析	释压分析	PDR,CDR,CCR
	卸压载荷分析	PDR,CDR,CCR
测　试	可接受试验程序	CDR
	功能测试程序与方法	CDR
	可接受试验报告	跟随部件交付
	地面试验程序	CDR
	飞行试验计划	PDR
	空气管理系统交联试验计划	PDR
	空气管理系统交联试验报告	SOF

（续表）

文　档	研　制　技　术　工　作	研　制　阶　段
测　试	空气管理系统地面试验报告	CCR
	空气管理系统飞行试验报告	CCR
重　量	重量报告	重要时间节点
鉴　定	初步鉴定计划	PDR
	鉴定程序计划（QPP）	PDR
	鉴定测试程序（QTP）	CDR
	鉴定测试报告（QTR）	SOF
	可接受测试程序（ATP）	CDR
	软件质量担保计划	PDR
构　型	构型索引文档（CID）	SOF,CCR
	构型管理计划	PDR
技术出版物	系统描述与操作手册	CCR
	飞机飞行手册	PDR
	飞机维修手册（AMM）	CCR
	部件维修手册（CMM）	CCR
	图解零件目录（IPC）	CCR
	系统部件清单	重要时间节点
	主最低设备清单（MMEL）系统输入	PDR,CDR,CCR
	备件清单	PDR
	接线图	PDR,CDR
	故障隔离手册	CCR
	系统原理示意图	CCR
制　造	生产计划	PDR,CDR
质　量	质量管理计划	PDR,CDR

3.4　试验试飞

3.4.1　试验试飞技术方案及内容

ARJ21-700飞机压调系统试验试飞的主要内容见表3-4。

表 3-4　压调系统试验试飞主要内容

试验试飞类别	试验试飞内容
MC5 试验	地面预增压、地面卸压
非高原研发试飞	自动模式、手动模式、应急卸压、高度限制、正释压、负释压
高原研发试飞	平原起飞模拟高原降落
非高原表明符合性试飞	自动模式、手动模式、应急卸压、高度限制、正释压、负释压
非高原审定试飞	自动模式、手动模式、应急卸压、高度限制、正释压、负释压
高原并行试飞	高原起降、高原起飞模拟平原降落、平原起飞模拟高原降落
负压差重飞并行试飞	负释压
应急下降研发试飞	35 000 ft(10 668 m)和 39 000 ft(11 887 m)起始高度,最重飞机构型的应急下降

3.4.2　试验试飞技术途径以及关键技术

压调系统试验试飞工作主要依据 AC 25-7 开展,关键技术是压调系统验证试飞中的故障模拟方法。

25.841(a)(1)、25.841(b)(1)和 25.841(b)(2)条款的试飞验证中需要进行故障模拟,模拟内容包括气源失效、排气活门失效打开、单个安全活门正释压功能失效和单个安全活门负释压功能失效。

1) 气源失效

通过关闭左右制冷包,模拟气源失效故障,在座舱高度告警出现后,进行应急下降操作,检查模拟故障出现后,座舱高度是否超过 15 000 ft(4 572 m)。

2) 排气活门失效打开

通过手动模式强制座舱卸压,观察座舱高度是否超过 15 000 ft。在此过程中,结合验证座舱高度限制功能。

3) 单个安全活门正释压功能失效

通过切断引压管,使得安全活门无法感知舱外压力,从而丧失正释压功能。

4) 单个安全活门负释压功能失效

将安全活门用同接口尺寸铝制堵头替代,实现负释压功能模拟。

3.4.3　试验技术管理、技术方法经验教训及建议

针对上述压调系统试验试飞过程中的重大问题,总结出以下经验教训。

(1) 压调系统运行时需要的外部输入源自总体、航电、电气、起落架、发动机等多个专业,当相关专业的设计构型发生变化时,需要仔细分析对于压调系统的功能和运行影响。此外,应该有措施,保证某专业构型发生变化时,能够确实传达到相关受影响的专业进行评估。

(2) 在设计安全活门维修报警逻辑时,需要紧密结合安全活门的机上安装

环境。

（3）传递给供应商的设计输入一定要可靠，否则容易引起设计工作反复等，若早期受制于现实情况无法提供准备输入，则该输入一定要纳入监控，在条件具备后及时进行更新。

（4）总体专业在进行飞机应急下降能力设计时，应充分考虑 25.841（a）（2）（i）条款的要求。

（5）排气活门在地面停机状态下可能处于打开状态，因此在选择安装位置时，应避开动物可达区。

（6）试飞的构型条件要紧密结合安全性分析，系统研制和试验试飞的每个过程，都不能脱离系统的安全性分析。

对于试验试飞工作，最大的建议就是要切实地重视构型到位。构型不到位一方面影响了试飞的开展，另一方面在构型不到位的情况下完成试飞后，需要投入大量的精力说服局方接受构型偏离评估结论，导致人力等研制资源的极大浪费。要保证试飞工作顺畅高效地进行，务必狠抓构型落实。

3.4.4　小结

ARJ21 - 700 飞机压调系统机上试验工作始于 2010 年 7 月，结束于 2014 年 7 月，共历时 4 年。试验试飞过程中，遇到了一系列故障和技术难题，在付出了艰辛的努力后，这些故障和技术难题最终都得到了妥善解决，以此为契机，极大地提升了压调专业的技术能力。

通过 ARJ21 - 700 飞机的试验试飞工作，积累了宝贵的试验试飞经验，并已经用于指导 C919 飞机和后续机型试飞要求和试飞手册编制以及试飞改装工作。

3.5　重要技术问题

压调专业的重大技术问题主要包括 6 项：地面预增压功能异常、安全活门维修信息虚警、压力平衡阀设备鉴定、排气活门加网防止动物侵入、负压差试飞重飞和 25.841（a）（2）（i）条款豁免。

3.5.1　地面预增压功能异常

问题描述：压调系统机上地面试验期间，发现地面预增压功能不正常，在加装舱门接近传感器后，地面预增压功能恢复正常。

解决途径：经分析，该问题由舱门构型更改取消随机登机梯门后，地面预增压软件逻辑未进行相应更新导致。针对该问题，协调供应商 LTS 开出软件更改需求，更新空气管理系统软件后，地面预增压功能恢复正常。

经验教训：压调系统运行时需要的外部输入源自总体、航电、电气、起落架、发动机等多个专业，当相关专业的设计构型发生变化时，需要仔细分析对于压调系统的功能和运行的影响。此外，应该有措施保证某专业构型发生变化时，能够确实传达到相关受影响专业进行评估。

3.5.2 安全活门维修信息虚警

问题描述：101～104 架机试飞航后检查，多次发现存在"安全活门失效打开"的维修信息。经后续专项试飞检查，安全活门开启正常，符合设计规范要求，该维修信息属维修虚警，需抑制。

解决途径：通过在 103 架机球面框两侧加装压力传感器并安排专项排故试飞，确定该维修信息为虚警信息。针对该虚警信息，结合前期大量试飞数据，提出了相关软件抑制更改方案，该方案的有效性和可行性与供应商达成一致。在新版系统软件中，相关更改得到落实，未再出现安全活门维修信息虚警。

经验教训：在设计安全活门维修报警逻辑时，需要紧密结合安全活门的机上安装环境。

3.5.3 压力平衡阀设备鉴定

问题描述：压力平衡阀属自制件，由上海飞机设计研究院（简称上飞院）自行设计，西安飞机工业（集团）有限责任公司（简称西飞）负责生产制造，前期取证过程中将其作为结构件处理，未履行装机设备鉴定程序，在近期的适航清查工作中，认为压力平衡阀应作为装机设备对待并随机取证，需要通过装机设备鉴定以及补充相关设计文件。已完成的火焰烧穿研发试验结果表明，压力平衡阀现有构型无法满足火焰烧穿试验要求，需要更改构型。

解决途径：在确定将压力平衡阀作为装机设备对待后，积极开展了相关设备鉴定工作并完成了火焰烧穿研发试验，根据试验结果设计了压力平衡阀新构型。后将压力平衡阀转为成品件采购，并由供应商重新完成压力平衡阀成品件研制和设备鉴定工作。

经验教训：系统中的每个功能件都需要严格执行适航审定程序，不可疏忽大意；主机所的工作重心不在功能件研制，功能件的研制应尽量采用寻找供应商的形式进行。

3.5.4 排气活门加网防止动物侵入

问题描述：2012 年初发生黄鼠狼侵入 ARJ21 - 700 飞机事件，2012 年 11 月 13 日再次发生黄鼠狼侵入 104 架机事件。

解决途径：2012 年初发生黄鼠狼侵入事件后，经分析，排气活门可能是黄鼠狼的侵入路径。为此，增加航后操作，确保排气活门在地面停机状态下可靠关闭。由于实际操作中的人为因素，不能确保该要求得到贯彻，2012 年 11 月 13 日再次发生黄鼠狼侵入事件，排气活门依然是嫌疑较大的可能路径。为从根本上消除动物经由排气活门侵入座舱的危险，杜绝人为因素干扰，在排气活门进口处增加球面网。

经验教训：排气活门在地面停机状态下可能处于打开状态，因此在选择安装位置时，应避开动物可达区。

3.5.5 负压差试飞重飞

问题描述：负压差重复试飞完成后，经过查阅安全性文件，发现两个安全活门均正常工作的构型对于负压差试飞来说是不可接受的，需要改进安全活门失效模拟方法，重新进行负压差试飞。

技术途径：把单侧安全活门拆下，用实心的机加零件代替，堵住支座孔，达到试飞过程中只有一个安全活门正常工作的效果。

经验教训：试飞的构型条件要紧密结合安全性分析，系统研制和试验试飞的每个过程，都不能脱离系统的安全性分析。

3.5.6 25.841(a)(2)(i)条款豁免

问题描述：在25.841(a)条款关闭的清理过程中，发现早期提供给供应商进行座舱失压分析的输入有误，经重新核算，发现按照目前飞机的应急下降能力，25.841(a)(2)(i)条款的要求无法得到满足。

技术途径：经与局方协商，为支持25.841(a)(2)(i)条款的豁免工作，需要更新座舱失压分析报告，该报告中所用的飞机应急下降数据需源自实际研发试飞。座舱失压分析报告应包括对不同泄漏情况的失压分析，并给出能够满足25.841(a)(2)(i)条款要求的临界泄漏面积。

经验教训：传递给供应商的设计输入一定要可靠，否则容易引起设计工作反复等，若早期受制于现实情况无法提供准确输入，则该输入一定要纳入监控，在条件具备后及时进行更新；总体专业在进行飞机应急下降能力设计时，应充分考虑25.841(a)(2)(i)条款的要求。

3.6 技术管理工作

ARJ21-700飞机压调系统的供应商是法国LTS公司，承担过多种民用机型的压调系统研制工作，经验丰富。

初期相比于LTS公司，在系统掌握、构型管理方面，压调团队都与其有较大差距，从而导致在技术问题讨论过程中经常处于被动。随着试验试飞工作的深入，压调团队的能力显著提高，在后续的问题协调中，逐渐掌握了主动，在安全活门虚警、地面预增压异常等问题的协调中，LTS都是按照压调团队的技术意见进行的实际改进。

从这种转变中，给我们的深刻体会是，只有展示出令人信服的技术水平，方能赢得供应商的尊重和顺从。在与供应商讨论技术方案时，应该准备好充分翔实的支持材料，以数据为基础，扎扎实实地进行分析，如此这般才能把整个技术改进的方向掌握在自己手中。

3.7 科技成果、专利

申请科技成果两项：《民用飞机CCAR-25.841(a)(2)条款的符合性验证方

法》和《民用飞机压调系统仿真及应用》。

3.7.1 民用飞机 CCAR‐25.841(a)(2)条款的符合性验证方法

基于 ARJ21‐700 型号飞机的研制经验、相关规章和对相似机型资料的研读，对引起民机座舱失压的典型失效事件进行了汇总，并根据 AC 25‐20 的指导确定了座舱失压分析的方法，搭建了座舱失压分析的计算模型，提出了该型号飞机对 25.841(a)(2)条款的符合性评估方法，探索出一条被 CAAC 认可的切实可行的 25.841(a)(2)条款符合性验证的道路。

3.7.2 民用飞机压调系统仿真及应用

本项目依托 C919 飞机和 ARJ21‐700 项目压调系统研制，提出了一套完整、有效的压调系统仿真验证体系；针对 C919 飞机采用不同排气活门的问题，提出了基于排气活门流通性能缩比因子和可变舱容的试验方法，实现了多缩比因子下的缩比试验；对受限空间状态下障碍物对压调系统活门流通性能影响进行仿真分析，应用于系统数学仿真模型和半物理仿真模型中，提高了系统仿真的准确性。

3.8 相似机型的对比研究

ARJ21‐700 飞机与波音、空客机型对比详见表 3‐5。

表 3‐5 ARJ21‐700 飞机与波音、空客机型对比

设　备		机　型				
		ARJ21‐700	A320 系列	A330 系列	B737NG 系列	B787 系列
控制器	数量	2	2	3	2	2
	安装位置	EE 舱	N/A	N/A	EE 舱	EE 舱
	功能说明	两个压调系统控制器(IASC)；只有一个控制器处于活动中，每个控制器有两条通道，主要控制 OFV 的活动	两个压调系统控制器(CPC)；只有一个控制器处于活动中，每个控制器有两条通道，主要控制 OFV 的活动	两个为压调系统控制器(CPC)；一个为余压控制器(RPCU)。CPC 只有一个控制器处于活动中，每个控制器有两条通道，主要控制 OFV 的活动	两个压调系统自动控制器，一个为主控制器，另一个备用，一个失效会自动转到另一个工作，二者角色会产生周期性变化	两个压调系统自动控制器，分别控制前后排气活门，每个控制器有两个相同通道，一个通道工作，另一个备用，一个通道失效会自动转到另一个通道工作，二者角色会产生周期性变化

（续表）

设备		机 型				
		ARJ21 - 700	A320 系列	A330 系列	B737NG 系列	B787 系列
排气活门 (OFV)	数量	1	1	2	1	2
	安装位置	安装于中部电子设备舱；水线之下	安装于后机身右下部；水线之下	一个安装于前机身下部；一个安装于后机身下部；均位于水线之下	后货舱后部，水线之下	一个位于前货舱，一个位于散货舱
	功能说明	通过排气量控制舱内压力	通过排气量控制舱内压力	通过排气量控制舱内压力	通过排气量控制舱内压力	通过排气量控制舱内压力
安全活门 (SFV)	数量	2	2	3	2	2
	安装位置	安装于后压力隔框上；水线之上	安装于后压力隔框上；水线之上	安装于后压力隔框上；水线之上	后机身右部	前货舱，货舱门相对的位置
	功能说明	气动式，防止内外正负压差过大	气动式，防止内外压差过大	气动式，防止内外压差过大	气动式活门，防止内外正压差过大（9.1 psi）	气动式活门，防止内外压差过大(9.78 psi)
客舱排气活门 (CAEV)	数量	N/A	N/A	N/A	1	N/A
	安装位置	N/A	N/A	N/A	EE 舱后部，水线之下	N/A
	功能说明	N/A	N/A	N/A	地面或低压差飞行时，活门打开，排出 EE 舱的冷却空气	N/A
负压释压活门 (NRV)	数量	N/A	N/A	1	1	4
	安装位置	N/A	N/A	安装于前机身；地板之下，水线之上	后机身左部	前货舱，左右各两个
	功能说明	N/A	N/A	气动式，辅助 SFV	气动式活门，防止内外负压差过大	气动式，防止内外负压差过大(−0.25 psi)

4　防冰除雨系统

4.1　民机防冰除雨系统简介

民用飞机防冰除雨系统主要包括机翼防冰系统、短舱防冰系统、结冰探测系统、风挡加热系统、风挡雨刷系统、风挡排雨系统和风挡清洗系统。本节对防冰除雨各子系统的系统原理进行了简述。

4.1.1　机翼防冰系统

4.1.1.1　系统原理及组成

飞机机翼作为飞机主要的升力部件，若其前缘发生结冰则会破坏其气动外形，导致升力减小、阻力增加，操纵性、稳定性下降，最终对飞行安全构成很大的威胁。因此针对满足结冰条件下安全飞行的民用客机，需要对机翼前缘采取防冰措施。

现代民机多采用从发动机压气机引气来防冰。典型的机翼热气防冰系统管路如图 4-1 所示，由发动机压气机引出的热空气经过高低压活门及预冷器进行温度和压力调节后，进入机翼前缘的防冰腔，沿前缘通道流动，热空气在流动过程中把热量传给蒙皮以达到防冰的效果。

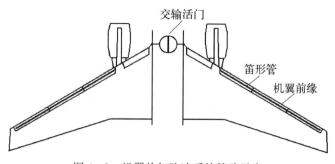

图 4-1　机翼热气防冰系统管路示意

如图 4-2 所示，典型的机翼热气防冰系统由机翼防冰活门、压力传感器、T 形管、温度传感器、柔性接头以及笛形管等组成。当防冰系统打开后，系统控制器根据防冰系统所需的热气流量，利用压力传感器调节防冰活门的开度以达到目标流量。T形管用于缝翼收放时与笛形管一起运动。安装在缝翼内的温度传感器可以防止蒙皮表面过热,同时可根据左右两侧机翼蒙皮温度传感器的温度值或两侧机翼的供气压力,判断系统管路是否出现泄漏,如果温差或压差超出预设范围,则系统会向驾驶员发出告警,以防飞机机翼出现不对称结冰的情况。如果单侧引气故障,则系统通过交输活门(如图4-1所示)对两侧机翼防冰系统进行供气;如果单侧机翼防冰活门故障关闭,则系统控制器会自动关闭另一侧机翼防冰活门,防止不对称供气导致的不对称结冰。

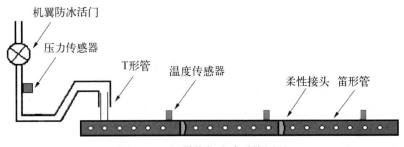

图4-2　机翼热气防冰系统原理

4.1.1.2　热气防冰系统分类

对于热气防冰系统一般采取表面连续加热的方式。由于防冰表面温度较外界高,因此表面上的水分会不断蒸发;如果表面温度较高并且加热区足够大,则热气所提供的热量足以使表面所收集的水分全部蒸发,防止一些未蒸发的水在加热区后面冻结形成后流冰。因此可将热气防冰系统分为完全蒸发防冰和不完全蒸发防冰。

所谓完全蒸发防冰系统,就是指在设计结冰气象状态下,防冰系统能够将防护区内所收集的水分全部蒸发掉。早期的防冰系统设计中还采用干防冰系统,即在设计结冰气象条件下,表面上所收集的水分全部在收集区蒸发掉,这样所需的热量太大,现代飞机上已不采用干防冰系统。目前大多数飞机所采用的完全蒸发防冰系统只需要在加热区将所收集的水分全部蒸发掉,这样所需要的热能比干防冰小得多。对于完全蒸发式防冰,表面温度值需达到几十摄氏度,例如CRJ700/900飞机缝翼处于收起状态时,蒙皮表面温度设置在58℃,缝翼打开时,蒙皮表面温度设置在80℃,这样的设置是为了保证前缘任意处的防冰效果均良好。而对于不完全蒸发防冰或者除冰系统,只要求蒙皮表面各点温度高于3～5℃即可。

4.1.1.3　机翼热气防冰系统管路主要构型

热气防冰系统的热空气来源于发动机压气机。热空气经过供气管等管路后进入机翼前缘防冰腔,热空气在管路中流动时,温度和压力都会有一定的损失。损失大小将直接影响到前缘防冰腔的防冰效果,因此合理的防冰系统管路设计十分重要。

在目前的大型客机上,纵观空客系列和波音系列飞机,其机翼前缘的管路布置总体上可分为并联式及串联式两类,分别如图4-3和图4-4所示。

图4-3　并联式管路布置　　　　　　图4-4　串联式管路布置

对于前缘并联式笛形管布置形式,从图4-3中可以看出引气管从发动机引气,然后进入供气管,在翼展不同位置处,通过T形管将热气分配到前缘笛形管,热气经笛形管上的小孔喷射到机翼前缘蒙皮内表面,对机翼前缘上下蒙皮进行加热,起到防冰的作用。一般情况下引气管、供气管外面均裹有保温层,这样可以减小热气在输送过程中的温度损失。

对于前缘串联式笛形管布置形式,从图4-4中可以看出用引气管直接从发动机引过来的热空气输送给机翼前缘的笛形管,同时不同缝翼段的笛形管使用柔性接头连接,热气经笛形管上的小孔喷射到机翼前缘内蒙皮表面,对机翼前缘上下蒙皮进行加热,起到防冰的作用。

比较两种不同的笛形管连接方式不难发现,串联式的管路较并联式少,这样就降低了系统的复杂度,同时也减轻了防冰系统的管路重量。但是,热气经引气管后直接进入分配管,在分配管中,流量逐渐减小,在翼展较长的情况下,热量损失较为严重。在目前投入航线运行的客机中,空客A318/319/320/321系列、A330/340系列、CRJ700/900系列等都采用这种串联式的前缘笛形管布置形式。

并联式布置的每一个笛形管的长度相对整个翼展是比较小的,且热气从各笛形管的中间位置进入,然后向两边流动,这样可以减小热气由于展向流动带来的热量损失,同时减小了热气的压降。但是并联式的前缘笛形管布置形式管道多,增加了系统的重量。在目前投入航线运行的客机中,波音B737系列客机等均采用这种并联式的前缘笛形管布置形式。

4.1.1.4　系统接口

机翼防冰系统需要气源系统提供适当温度、压力和流量的热气,以满足机翼防冰系统的性能要求。同时需要根据结冰探测系统信号自动或者手动打开机翼防冰活门。机翼防冰系统与航电系统的远程数据接口单元(RDIU)主要通过ARINC429总线进行交联。驾驶舱控制面板与两台IASC之间通过航电网络的ARINC429总线进行数据交换,需航电指示记录系统显示系统状态,部分安全等级较高的信号通过硬线直接连接到IASC上。机翼防冰系统需要电气系统提供电源

及控制面板。机翼防冰系统与其他系统
的交联构架见图4-5。

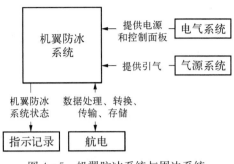

4.1.2 短舱防冰系统

4.1.2.1 原理和系统组成

飞机在结冰气象条件下飞行时,可能
发生结冰现象,尤其是发动机进气道在发
动机抽吸作用下更容易结冰。进气道结
冰会导致发动机进气道有效进气面积减
小,可能引起发动机推力下降和喘振,冰

图4-5 机翼防冰系统与周边系统
功能接口交联构架

脱落可能损伤发动机风扇叶片,严重的会导致发动机熄火,影响飞行安全。因此,
针对满足结冰条件下安全飞行的民用客机,需要对发动机进气道采取防冰措施。

现代民机短舱防冰系统多采用
热气防冰,典型的短舱防冰系统如图
4-6所示。

系统主要由供气管路、防冰活
门、压力开关、过热开关、双层套管和
笛形管组成。从预冷器上游引气,热
气经过供气导管和防冰活门后,由笛
形管喷射到进气道前缘蒙皮内侧,对
蒙皮进行加热。

4.1.2.2 系统接口

短舱防冰系统需要从发动机引
气,和发动机存在接口关系;短舱防冰
系统需要电气系统电源和控制面板,
和电气系统存在接口关系;短舱防冰
系统需要航电系统传输信号和实时监
控显示,和航电系统存在接口关系。

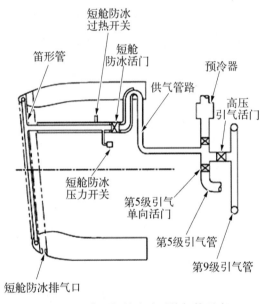

图4-6 典型短舱防冰系统架构示意

4.1.3 结冰探测系统

4.1.3.1 系统概述

除了驾驶员目视发现飞机结冰(在雨刷臂、风挡框或螺旋桨毂处),一些飞机使
用结冰探测系统探测飞机参考表面结冰状态或者探测飞机是否处于结冰条件。当
探测到结冰时,发出结冰告警,由驾驶员手动启动防冰系统,或者根据结冰告警由
控制器自动启动防冰系统。

4.1.3.2 系统的分类

(1)根据用途分类:咨询式结冰探测系统(AIDS)和主导式结冰探测系统

（PIDS）。

咨询式结冰探测系统向驾驶员提供飞机结冰或者进入结冰条件的告警信息，但是需要驾驶员综合考虑其他因素来决定是否开启防冰系统和开启防冰系统的时间点。驾驶员通常需要考虑的因素包括环境总温、可见湿度、可见结冰和特定机身结构结冰厚度等。

主导式结冰探测系统可同时向驾驶员和机载设备提供飞机结冰或者进入结冰条件的告警信息，是确定何时必须开启防冰系统的唯一方式。主导式结冰探测系统可以自动开启防冰系统，也可以发出结冰告警信号提醒驾驶员手动开启防冰系统。

（2）根据结冰探测的原理，结冰探测的方法有热力学探测法、机械式探测法、光学式探测法和波导式探测法等。经过多年的飞行及验证证明，机械式结冰传感器具有可靠性高、维护简单等优点，被国际上大多数飞行机构认可。现在国外干线客机上装备的大多是古德里奇（简称 GOODRICH）或罗斯蒙特（简称 ROSEMOUNT）公司生产的机械振动型结冰传感器，由于各机种的大小、外形、飞行状况等不同，因此结冰传感器机上安装的数量和位置也有所差异。对于机械式结冰探测器，典型的有谐振技术和磁致伸缩技术。

4.1.3.3　系统接口

结冰探测系统通常由两支相互独立的结冰探测器组成，结冰探测器输出信号包括结冰信号和自身状态信号。关联系统通常包括电气系统、航电系统的航电网络、机组告警系统（CAS）、机载维修系统（OMS）和飞行数据记录器（FDR）、失速保护系统、机翼防冰系统和短舱防冰系统。结冰探测系统与周边系统功能接口交联关系如图 4-7 所示，主要接口功能如下。

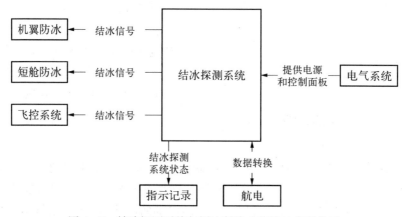

图 4-7　结冰探测系统与周边系统功能接口交联关系

（1）电气系统为结冰探测系统提供电源、控制面板及电连接。

（2）航电系统的航电网络为结冰探测系统提供信号传输，CAS 显示结冰信号和失效信号,OMS记录失效信号。

(3) 结冰探测系统为飞控系统(失速保护功能)、机翼防冰系统和短舱防冰系统提供结冰信号。

4.1.3.4　系统构架

结冰探测器输出信号包括结冰信号和失效信号,根据信号处理方式的不同,可以分为信号集中处理型和信号分布处理型两种基本架构。

1) 信号集中处理型

将结冰探测器结冰信号和失效信号、轮载信号、空速信号等限制信号,以及控制面板信号等集中在防冰控制器(可以为左右两个控制器相互备份或一个控制器至少两个通道相互备份)进行逻辑运算,处理后输出结冰信号,通告总线传递到用户系统使用,见图4-8。其特点是信号集中处理,用户系统不需要进行信号处理,保证用户系统使用的信号是同步一致的。

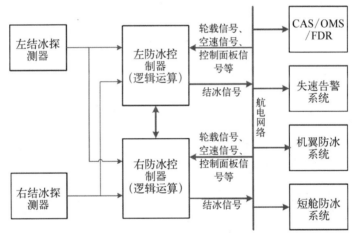

图4-8　信号集中处理系统示意

2) 信号分布处理型

将结冰探测器结冰信号和失效信号、轮载信号、空速信号等限制信号,以及控制面板信号等分别传输到用户系统中,由用户系统在各自的控制器中进行逻辑运算,见图4-9。其特点是信号分别处理,不需要设置单独的防冰控制器。

4.1.4　风挡加热系统

风挡加热系统主要功能是在结冰或者结雾环境条件下,为风挡玻璃提供一个清晰的视界。风挡加热系统采用电加热的方式对驾驶舱主风挡进行防冰和防雾加热,对驾驶舱其他窗玻璃进行防雾加热。风挡加热系统通过风挡加热控制器控制对风挡玻璃的加热。典型的风挡加热系统如图4-10所示。

风挡加热系统主要零部件清单见表4-1。

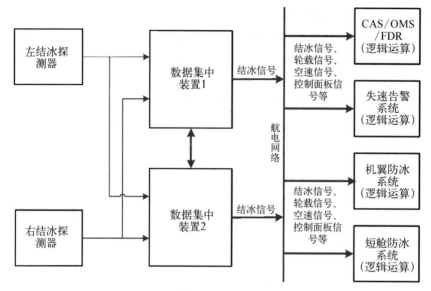

图 4-9 信号分布处理系统示意

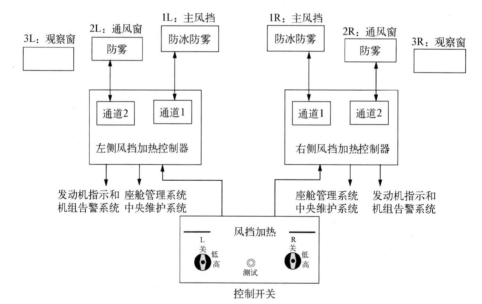

图 4-10 风挡加热系统原理

表 4-1 风挡加热系统主要零部件

序　号	名　称
1	风挡加热控制器
2	加热膜（风挡玻璃内）
3	温度传感器（风挡玻璃内）

风挡加热系统的加热电源为 $360\sim800$ Hz、115 V 交流电,控制电源为 28 V 直流电。风挡加热系统的控制开关和自检测按钮安装在驾驶舱顶部控制板上。

EICAS 告警页面显示相关的告警信息;OMS 记录相关故障信息;风挡加热系统与航电系统之间采用 ARINC429 总线进行数据传输。

4.1.5 风挡雨刷系统

风挡雨刷系统的主要作用是在降水条件下,在飞机滑跑、起飞、进场和着陆时为驾驶员提供足够清晰的视界。

典型的风挡雨刷系统如图 4-11 所示,风挡雨刷系统由左、右两个子系统组成,每个子系统均由雨刷刃、雨刷臂、马达转换器、EMI 盒和雨刷开关等组成。

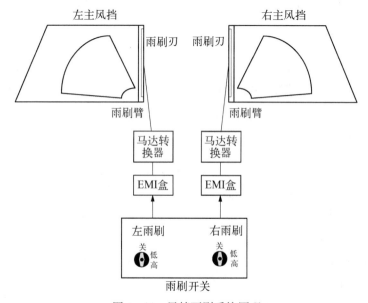

图 4-11 风挡雨刷系统原理

系统各部件功能如下。

(1) 雨刷开关:控制风挡雨刷系统的工作。位于驾驶舱顶部控制板上,是一种"OFF-LOW-HIGH"三位旋转开关。当开关旋至"LOW"位置时,雨刷刃低速刮刷;当开关旋至"HIGH"位置时,雨刷刃高速刮刷;当开关旋至"OFF"位置时,雨刷刃将转动到停放位置并停止刮刷。

(2) 马达转换器:驱动雨刷臂做摇摆运动。马达转换器主要由马达和转换器组成,其中马达是一个 28 V 直流电动马达,启动后做回转运动;转换器则将马达的回转运动转换成摇摆运动,并通过其上的输出轴将运动传递到雨刷臂上。

(3) 雨刷臂:带动雨刷刃完成刮刷除雨。

(4) EMI 盒:防止马达转换器工作时与舱内其余电气设备产生干扰。

通常,风挡雨刷马达转换器安装在飞机驾驶舱风挡玻璃前的机身蒙皮下。风挡雨刷刃在风挡玻璃上的安装应有一定的预紧力,以保证雨刷刃与风挡玻璃紧密地贴合,且预紧力应可调。雨刷轴衬套与飞机蒙皮间需有密封措施。风挡雨刷系统的非透明部件不能安装在飞机的最小视界范围内。

正副驾驶员分别通过两个独立控制开关控制系统工作,系统用电设备使用28 V DC 或 115 V AC,用电频率应符合型号要求,用电设备与机身电搭接。

4.1.6 风挡排雨系统

4.1.6.1 系统功能

风挡排雨系统通过向驾驶舱主风挡外表面喷洒除雨液来实现风挡除雨的功能。

4.1.6.2 系统组成和原理

风挡排雨系统主要由除雨液罐、除雨液计量装置、电磁阀、喷嘴、管路及管路连接件等组成。系统原理见图 4-12。

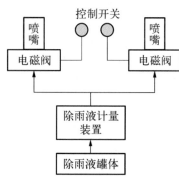

图 4-12 风挡排雨系统原理

除雨液储存在高压容器罐内,罐内充有氮气,驾驶员按压系统控制开关后,电磁阀打开,依靠罐体内部压力喷洒除雨液。除雨液在风挡玻璃表面形成一层憎水膜,使得落在风挡玻璃上的雨水结成水珠。在重力、气流的吹袭或者雨刷的刮刷作用下,离开玻璃表面,从而保证风挡玻璃的清晰度。

对于风挡排雨系统,正副驾驶员控制开关应彼此独立,分别控制各自前方喷嘴喷洒除雨液。除雨液计量装置指示除雨液是否充足,除雨液不足时应对驾驶员有提示。

除雨液罐、除雨液计量装置布置在机体内部与机体结构相连,喷嘴布置在风挡玻璃下边沿的机体结构上,从机体内部伸出到机体外部,管路连接各主要部件,连接处应防止液体泄漏。系统用电设备使用 28 V DC 或 115 V AC,用电频率应符合型号要求,用电设备应与机身电搭接。

4.1.7 风挡清洗系统

风挡清洗系统用于在地面维护或滑行时,向主风挡玻璃外表面喷洒清洗液,在风挡雨刷的刮刷作用下,清洗掉飞机主风挡玻璃外表面影响驾驶员视界的灰尘和污渍。

风挡清洗系统主要由清洗液罐、清洗液计量装置、电磁阀、喷嘴、管路及管路连接件等组成。风挡清洗系统见图 4-13。

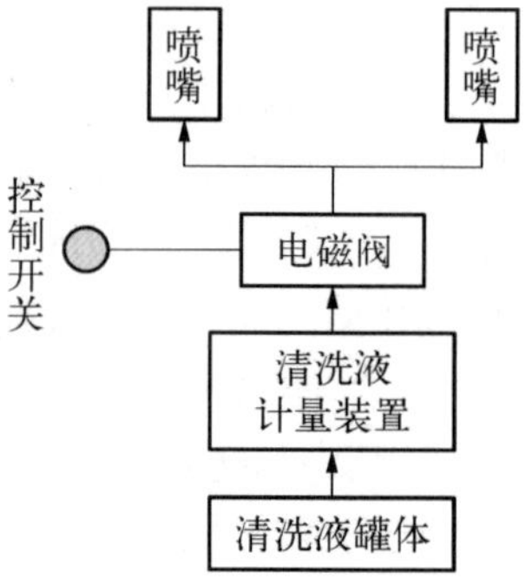

清洗液储存在高压容器罐内,罐内充有氮气,驾驶员按压系统控制开关后,电磁阀打开,依靠罐子内部压力喷洒清洗液。并依靠雨刷刃的刮刷作用清除风挡玻璃表面污垢。

图 4-13 风挡清洗系统

风挡清洗系统正副驾驶员控制共用一个控制开关;驾驶舱内有清洗液是否充足的指示。清洗液罐的计量装置布置在机体内部与机体结构相连,喷嘴布置在风挡玻璃下边沿的机体结构上,从机体内部伸出到机体外部,管路与主要部件间连接处应防止液体泄漏。系统用电设备使用 28 V DC 或 115 V AC,用电频率应符合型号要求,用电设备与机身电搭接。

4.2 ARJ21 飞机防冰除雨系统简介

ARJ21 - 700 飞机的防冰除雨系统主要包括:机翼防冰系统、短舱防冰系统、风挡加热系统、风挡雨刷系统和结冰探测系统。没有风挡排雨和清洗系统。

1) 机翼防冰系统

ARJ21 - 700 飞机机翼防冰系统主要由文氏管、机翼防冰活门、防冰单向活门、防冰压力传感器、防冰压力开关、防冰温度开关、防冰供气管、伸缩管及笛形管组成。当结冰探测器发出结冰信号时,驾驶员根据结冰情况手动打开机翼防冰系统,气源系统调温调压后的热空气同时进入两侧机翼防冰活门,经防冰单向活门和伸缩管供入机翼前缘笛形管以满足防冰需求。系统原理如图 4 - 14 所示。

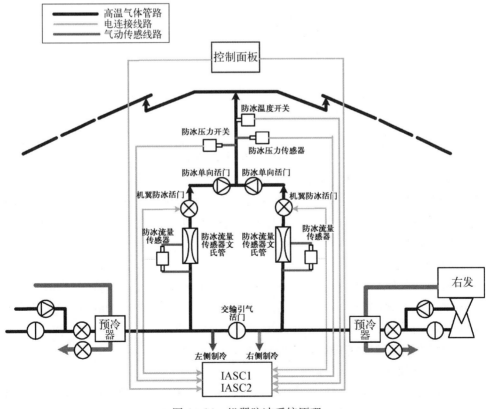

图 4 - 14 机翼防冰系统原理

2）短舱防冰系统

短舱防冰系统由供气管路、防冰活门、双层套管、防冰泄漏弹出指示器、压力传感器、笛形管组成,使用来自预冷器下游热空气加热蒙皮防止结冰。驾驶员通过控制面板上的开关手动打开/关闭短舱防冰系统,每侧短舱防冰系统使用一个电控气动关断活门,具有全开和全关两个位置。

短舱防冰系统工作原理如图 4-15 所示。

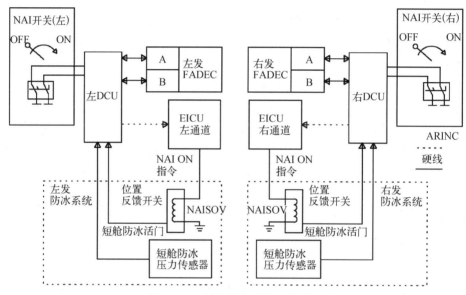

图 4-15　短舱防冰系统工作原理

3）风挡加热系统

风挡加热系统为驾驶舱主风挡提供防冰和防雾功能,为通风窗提供防雾功能;风挡加热系统分左、右两个相同的子系统,每个子系统分别控制相应一侧的主风挡和通风窗的加热;每侧的风挡加热系统由嵌在玻璃内的导电膜加热元件、风挡温度传感器、风挡加热控制器、加热控制开关以及供电和控制线路等组成。

风挡加热系统原理见图 4-10。

4）风挡雨刷系统

风挡雨刷系统主要是在降水条件下,在飞机滑跑、起飞、进场和着陆时为驾驶员提供足够的清晰视界;风挡雨刷系统由左、右两个子系统及之间的风挡雨刷挡板组成,每个子系统均由雨刷刃、雨刷臂、马达转换器、EMI 盒和雨刷开关等组成。

风挡雨刷系统原理见图 4-11。

5）结冰探测系统

ARJ21-700 飞机结冰探测系统由对称安装在机头两侧的两个结冰探测器组成。当飞机进入结冰气象条件后,结冰探测系统会向机组人员发出结冰信号,由驾驶员手动打开防冰系统。

4.3　专业研制文件依据

ARJ21-700 飞机防冰除雨系统依据飞机顶层总体要求,并遵照相关适航条款以及相关的行业标准等进行设计,以保证系统和飞机安全性为前提,强调高可靠性和良好的维护性。

1) 适航规章(见表 4-2)

表 4-2　防冰除雨系统适用的适航规章

适航规章编号	适航规章名称
CCAR-25-R3	运输类飞机适航标准
CCAR-121-R2	大型飞机公共航空运输承运人运行合格审定规则

2) 咨询通告(见表 4-3)

表 4-3　防冰除雨系统适用的咨询通告

咨询通告编号	咨询通告文名称
AC 25.773-1	运输类飞机驾驶舱视界设计
AC 20-73A	25 部飞机防冰设计与验证

3) 工业标准(见表 4-4)

表 4-4　防冰除雨系统适用的工业标准

标准号	标准名称
RTCA/DO-160D	Environmental Conditions and Test Procedures for Airborne Equipment
SAE AIR 1168/4	Ice, Rain, Fog, and Frost Protection
SAE ARP 4761	Guidelines and Methods for Conducting the Safety Assessment Process on Civil Airborne Systems and Equipment

4) 型号文件(见表 4-5)

表 4-5　防冰除雨系统适用的型号文件

序号	文件名称
1	ARJ21 飞机设计技术要求
2	总体布局定义
3	ARJ21 飞机环控系统总体设计要求
4	ARJ21-700 飞机运行类型要求

（续表）

序　号	文　件　名　称
5	ARJ21 - 700 飞机试飞要求
6	ARJ21 - 700 飞机型号合格审定试飞大纲——防冰除雨系统分册
7	ARJ21 - 700 飞机型号合格审定试飞大纲——动力装置分册
8	空气管理系统设计技术要求
9	新型涡扇支线飞机空气管理系统布局定义
10	ARJ21 气动系统定义
11	新型涡扇支线飞机引气防冰分系统详细设计技术报告

4.4　研制过程技术工作

ARJ21 - 700 飞机防冰除雨系统的研制周期分为立项与可行性论证阶段、预发展阶段、工程发展阶段和产业化阶段。其中预发展阶段包括总体方案定义阶段和初步设计阶段，总体方案定义阶段包含了联合概念定义阶段（JCDP），初步设计阶段包含了联合定义阶段（JDP）；工程发展阶段包括详细设计阶段、全面试制阶段和试飞取证阶段。每个阶段进行转段评审，对项目的研制过程中的问题和风险进行评估。开发流程见图 4 - 16。

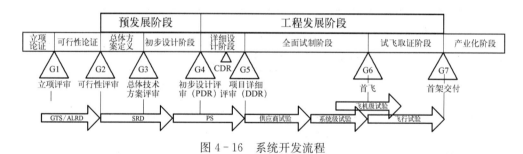

图 4 - 16　系统开发流程

不同阶段，用来描述型号设计构型的内容和信息也不尽相同，如图 4 - 17 所示。

ARJ21 - 700 飞机防冰除雨系统的设计由中国商飞（主制造商，简称 COMAC）与各子系统的供应商联合设计，并由中国商飞负责集成。

1）机翼防冰系统

对于机翼防冰系统的设计，首先需要主制造商确定系统的工作类型，并由主制造商提供系统的设计要求给供应商 LTS 公司，主要包括系统设计状态点（结冰气象条件及飞行条件）、对应状态点下选取翼型表面的局部水收集系数、对流换热系数等关键参数。LTS 公司根据 COMAC 提供的设计输入参数确定需求热载荷，在考虑一定余量的情况下确定系统的供气参数（即供气流量、温度等），并根据缝翼前缘

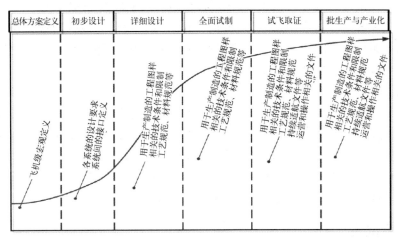

图4-17 产 生 数 据

外形等设计笛形管;同时双方考虑结构强度等因素,然后共同确定防冰腔结构形式,并通过计算分析及研发试验确定设计完成的防冰系统是否满足设计要求。若满足则可开展系统后续的验证工作,否则需要进一步优化设计来满足系统的设计要求。

2)短舱防冰系统

对于短舱防冰系统的设计,首先需要主制造商确定系统的工作类型,并由主制造商提供系统的设计要求给供应商通用电气公司(美国,简称GE),主要包括系统设计状态点(结冰气象条件及飞行条件)。GE公司根据COMAC提供的设计输入参数确定需求热载荷,在考虑一定余量的情况下确定系统的供气参数(即供气流量、温度等),并设计防冰腔结构形式,通过计算分析及研发试验确定设计完成的防冰系统是否满足设计要求。若满足则可开展系统后续的验证工作,否则需要进一步优化设计来满足系统的设计要求。

3)风挡加热系统

对于风挡加热系统的设计,首先需要主制造商确定视界要求的范围,并定义主风挡为具有防冰及防雾功能,侧风挡具有防雾功能。由主制造商提供系统的设计要求给供应商GOODRICH公司,主要包括系统设计状态点(结冰气象条件及飞行条件)。GOODRICH公司根据COMAC提供的设计输入参数确定需求热载荷,并在考虑一定余量的情况下确定玻璃内部的加热功率。通过计算分析及研发试验确定设计完成的防冰系统是否满足设计要求,若满足则可开展系统后续的验证工作,否则需要进一步优化设计来满足系统的设计要求。

4)风挡雨刷系统

对于风挡雨刷系统的设计,首先需要主制造商确定视界要求的范围。并由主制造商提供系统的设计要求给供应商GOODRICH公司,主要包括视界范围要求、系统工作时飞机速度要求、不同雨量要求。GOODRICH 公司根据 COMAC 提供的设计输入参数设计雨刷,并通过地面研发试验确定设计完成的雨刷系统可以满足不同降雨条件下的除雨要求。若满足则可开展系统后续的验证工作,否则需要进一步优化设计来满足系统的设计要求。

5) 结冰探测系统

对于结冰探测系统的设计,首先需要主制造商确定系统的类型,即主导式或者咨询式(ARJ21-700 飞机采用咨询式),并由主制造商根据机头计算流体动力学(CFD)计算分析确定结冰探测器(由 GOODRICH 公司提供)的安装位置,通过计算分析校核安装后的结冰探测器是否满足设计要求。若满足则可开展系统后续的验证工作,否则需要进一步优化设计来满足系统的设计要求。

4.5　试验试飞

4.5.1　干空气条件下防冰系统地面试验

1) 干空气条件下机翼防冰系统地面试验

ARJ21-700 飞机机翼防冰系统机上地面试验于 2010 年 10 月 16 日在阎良机场按照文件《ARJ21-700 飞机干空气机翼防冰系统机上地面试验大纲》的操作程序及各项要求顺利完成。

通过 ARJ21-700 飞机干空气机翼防冰系统机上地面试验的现象观察及试验数据分析,达到了以下验证目的:验证了机翼防冰系统的控制功能正常;验证了机翼防冰系统在打开后各主要附件功能正常。

2) 干空气条件下短舱防冰系统地面试验

2011 年 6 月 29 日 16:00～17:00,2011 年 6 月 30 日 6:00～7:00,按照《ARJ21-700 飞机型号合格审定动力装置机上地面试验大纲》进行了干空气条件下的短舱防冰地面试验,包括常温天和高温天试验。

短舱防冰系统高温天和常温天地面试验验证了系统功能正常,表明了系统对条款 25.1301(d)、25.1309(a)、25.1093(b)(1)、25.1419(b)的符合性。

3) 干空气条件下风挡加热系统地面试验

2011 年 4 月 11 日 17:10～18:30 按照《ARJ21-700 飞机曲面风挡防冰除雨系统机上地面试验大纲》在新疆乌鲁木齐地窝堡国际机场完成地面试验。

通过对试验结果分析可知,曲面风挡加热系统功能正常,ARJ21-700 飞机曲面风挡加热系统符合条款 §25.1301d 要求。

4.5.2　结冰条件下短舱防冰系统机上地面试验

2012 年 2 月 26 日,在黑龙江省哈尔滨市哈飞试飞站机场成功完成了 ARJ21-700 飞机结冰条件下短舱防冰系统机上地面试验。

ARJ21-700 飞机结冰条件下短舱防冰系统机上地面试验的试验目的是验证

ARJ21 - 700 飞机短舱防冰系统在 25.1093(b)(2)要求的条件下,功能和性能是否满足要求。

结冰条件下短舱防冰系统机上地面试验前,需要满足:

(1) 环境温度为−1~−9℃。

(2) 对液态水含量(LWC)和平均水滴有效直径(MVD)进行测量,持续时间不低于 5 min,要求发动机周围 LWC 不小于 0.3 g/m³, MVD 不小于 20 µm。

试验前和试验后,分别对地面结冰条件模拟系统产生的 LWC 和 MVD 进行了测量。试验过程中,发动机处于慢车运行状态,大于条款的 30 min 慢车运行要求。在出现发动机振动值增大的情况时,按照试验大纲要求加大发动机功率,进行了脱冰操作。试验过程中,发动机工作正常,各类参数没有出现异常情况,没有出现 EICAS 告警信息。按照试验大纲的要求,试验完成后,对试验发动机进行了孔探检查,检查结果表明试验没有对发动机造成损伤。

4.5.3 风挡雨刷系统地面模拟降雨试验

风挡雨刷系统地面模拟降雨试验于 2012 年 4 月 26 日下午在中航工业试飞院 467 机库进行。按照《ARJ21 - 700 飞机曲面风挡防冰除雨系统机上地面试验大纲》的规定,逐一进行了各项操作,驾驶员在驾驶舱观察雨刷的工作情况,并填写了记录表,驾驶舱内的摄像机记录了试验的全过程。

本次试验按照试验大纲完成了所有试验项目,试验结果表明:风挡雨刷系统功能正常,符合条款 25.1301(d)的要求;在地面模拟飞机在飞行中遭遇大雨的环境时,风挡雨刷系统能够为驾驶员提供足够宽阔且清晰的视界,符合条款 25.773(b)(1)(i)的要求。

4.5.4 机翼防冰系统干空气试飞

1) 试验目的

(1) 验证机翼防冰系统打开时,系统各附件功能是否正常。

(2) 验证控制面板的操作与信号等指示、防冰系统简图页显示、EICAS 信息显示/告警/控制逻辑等是否正常。

(3) 验证机翼防冰系统打开后,某一飞行状态下系统参数是否正常,例如供气压力、供气温度等参数是否满足系统设计要求。

(4) 验证机翼防冰系统打开且稳定时缝翼蒙皮表面是否会产生过热现象。

2) 试验概述

ARJ21 - 700 飞机机翼防冰系统干空气验证试飞分别于 2012 年 3 月 10 日和 2012 年 3 月 13 日在乌鲁木齐地窝堡国际机场按照试验大纲的操作程序及各项要求顺利完成。

3) 试验结果

通过 ARJ21 - 700 飞机机翼防冰系统干空气飞行试验,达到了以下验证目的。

（1）机翼防冰系统的控制逻辑正确。

（2）机翼防冰系统在打开后各附件功能正常。

（3）机翼防冰系统在打开后，系统性能参数正常，满足系统的设计要求。

（4）机翼防冰系统在干空气中水平飞行时从打开到供气稳定时缝翼蒙皮表面温度均无过热现象。

经分析认为，机翼防冰系统试飞过程中状态良好、功能正常、试飞数据有效，可支持系统进入自然结冰试飞。同时满足条款 CCAR-25.1301(d)，25.1309(a)及25.1419(b)的相关要求。

4.5.5　短舱防冰系统干空气试飞

1）试验目的

测量干空气条件下短舱防冰（NAI）打开时相关参数，验证短舱防冰系统工作正常，并校验短舱防冰系统计算模型；检查在高温条件下 NAI 阀关闭失效但必须派遣的情况下，短舱前缘被长时间加热时结构是否正常。

2）试验概述

2012年8月23日，申请人按照试验大纲要求在中航工业试飞院阎良机场完成了 ARJ21-700 飞机短舱防冰系统干空气高温天审定试飞，飞行中试验程序的具体实施与试验大纲要求无偏离。

2013年3月29日，申请人按照试验大纲要求在中航工业试飞院阎良机场完成了 ARJ21-700 飞机短舱防冰系统干空气常温天审定试飞，飞行中试验程序的具体实施与试验大纲要求无偏离。

3）试验结果

通过短舱防冰系统干空气条件下审定试飞，得到以下结论：短舱防冰系统的控制逻辑正确；短舱防冰系统打开后系统和各附件功能正常，系统性能稳定，满足系统设计要求；短舱防冰系统在干空气条件下（包含高温天、常温天）打开，整个飞行阶段中发动机进气道前缘蒙皮内表面温度均无过热现象。

通过短舱防冰系统干空气条件下审定试飞，用 MOC6 的方法验证了短舱防冰系统对适航条款 §25.1093(b)(1)、§25.1301(d)、§25.1309(a)、§25.1419(b)的符合性。

4.5.6　风挡加热系统干空气试飞

1）试验目的

（1）验证风挡加热系统的功能和性能。

（2）EICAS 信息显示、告警、控制逻辑等正确。

2）试验概述

2012年3月13日10:13～13:22，在乌鲁木齐地窝堡国际机场，ARJ21-700 飞机104架机按照试飞大纲规定的试验程序进行了一架次风挡加热系统干空气条件审定试飞。

2) 试验结果

通过驾驶员的观察评述,在试飞过程中系统工作正常,EICAS 无任何系统相关告警信息。

通过数据分析可知,每一飞行状态下右侧主风挡外表面防护区域温度大于 0℃,满足防冰性能要求;右侧主风挡和右侧通风窗内表面温度大于驾驶舱露点温度最大值,满足防雾性能要求。

4.5.7 防冰系统自然结冰试飞

1) 试验目的

(1) 验证飞机在满足 CCAR - 25 - R3 附录 C 规定的结冰条件下机翼防冰系统的性能。

(2) 验证自然结冰条件下短舱防冰系统功能。

(3) 检查系统延迟打开对发动机的影响。

(4) 验证风挡加热系统的功能是否正常;在满足 CCAR - 25 部附录 C 规定的结冰条件下系统的防冰、防雾性能是否满足设计要求。

(5) 控制面板的操作与信号灯指示、简图页显示。

(6) EICAS 信息显示、告警、控制逻辑等。

2) 试验概述

(1) 2012 年飞行试验。

ARJ21 - 700 飞机防冰系统自然结冰条件下申请人表明符合性,局方验证并行试飞,于 2012 年 3 月 19 日在乌鲁木齐地窝堡国际机场按照试飞大纲中的操作程序及各项要求完成 1 架次试飞。

(2) 2014 年飞行试验。

ARJ21 - 700 飞机防冰系统自然结冰条件下申请人表明符合性,局方验证并行试飞,于 2014 年 4 月 4 日、4 月 5 日在加拿大温莎机场按照试飞大纲的操作程序及各项要求各完成 2 架次试飞。

3) 试验结果

防冰系统试飞完成情况如下所示。

(1) 根据试飞大纲,要求机翼防冰系统自然结冰条件下须完成 5 个状态点不同构型的飞行试验,此次试验完成其中 4 个状态点,剩余间断最大结冰气象条件 1 个状态点未完成。

(2) 根据试飞大纲,要求短舱防冰系统自然结冰条件下须完成 6 个状态点不同构型的飞行试验,此次试验完成其中 5 个状态点,剩余间断最大结冰气象条件 1 个状态点未完成。

(3) 根据试飞大纲,要求风挡加热系统自然结冰条件下须完成 4 个状态点不同构型的飞行试验,此次试验完成其中 3 个状态点,剩余间断最大结冰气象条件 1 个状态点未完成。

通过试飞数据可以得出:

(1) 自然结冰条件下飞行气象参数满足附录 C 最大连续结冰条件的要求。

(2) 在自然结冰条件下,系统打开后功能正常。

(3) 通过机上观察,整个飞行过程中缝翼防护区表面未出现积冰现象。

(4) 进入结冰区前打开 NAI,整个结冰区飞行过程中短舱前缘没有积冰;系统延迟打开过程中的积冰相当明显,但在 NAI 打开后积冰迅速脱落。在短舱防冰系统工作期间,前缘蒙皮温度均大于 0℃;延迟打开试验中,在未接通防冰系统期间,前缘蒙皮温度低于 0℃,但当防冰系统接通后,蒙皮温度迅速上升。在整个试验过程中,发动机均工作正常。

(5) 两侧主风挡外表面防护区域未结冰,两侧主风挡和通风窗内表面未结雾。右侧主风挡外表面温度大于 0℃,满足防冰要求;右侧主风挡和右侧通风窗内表面温度大于驾驶舱露点温度,满足防雾要求。

在液态水含量较高时,系统仍然能较好工作,且缝翼防护区蒙皮表面最低温度均远高于 0℃。

根据试飞员评述:

(1) 飞机防冰系统控制功能正常,工作正常。

(2) 防冰系统控制面板的操作与信号灯指示、简图页显示正确。

(3) 结冰探测系统告警功能正常。

(4) 打开机翼防冰系统及短舱防冰系统供气稳定后缝翼及发动机唇口防护表面无积冰,风挡防护区表面无积冰。

4.6　重要技术问题

4.6.1　机翼防冰系统性能校核计算

针对 ARJ21-700 飞机提出了通过机翼展向三维微段进行系统性能校核分析的方法,为全面考查机翼防冰系统在不同飞行阶段、不同飞行状态及不同结冰条件下防冰系统的工作特性提供更多有效的数据支持。

4.6.1.1　技术方案

采用 FLUENT 软件二次开发,通过求解空气 N-S 方程分析机翼外流场,再利用基于 UDS 输运方程框架求解水滴的控制方程,得到网格各点的水滴容积分数及水滴速度。外部对流换热系数计算采用附面层积分法,既可保证计算精度,亦可提高计算速度。计算表面温度耦合时,利用用户自定义函数 UDF 将外部热载荷、内部热气加热热流以及固壁导热三者进行传热强固耦合求解,得到表面平衡温度。其中利用 UDF 编程实现蒙皮外表面热载荷的计算及热流边界条件的自动加载,以使迭代过程自动推进,通过上述方法将表面平衡温度计算收敛后,同时得到平衡后的表面溢流水状态,为验证系统的性能提供大量的数据支持。

选取 CCAR - 25 部附录 C 中较为临界的状态点进行系统的性能校核计算分析。根据 ARJ21 - 700 飞机的飞行剖面(不同飞行阶段),确定了连续及间断最大结冰条件下的计算状态点。状态点的选取基本涵盖了结冰包线,同时考虑不同的飞行阶段(引气量的参数不同),共选取 66 个状态点进行分析。

ARJ21 - 700 飞机进行机翼防冰系统性能校核计算时,模型选取 3D 全机模型及 2.5D 试验模型。在计算外流场时,3D 全机模型采用半机身的方式进行计算,2.5D 试验模型模拟冰风洞中真实安装环境进行计算;计算内流场及蒙皮表面温度耦合时,采用选取前缘缝翼小段进行三维模拟计算。具体模型如图 4 - 18 及图 4 - 19 所示。

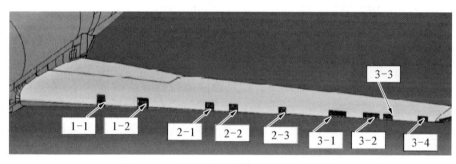

图 4 - 18　外流场计算模型及所选 3D 微段

为了得到蒙皮表面温度,将外部热流、内部热流以及蒙皮自身导热三者一起耦合计算。在计算防冰腔内部流动与换热时,将外部热载荷作为边界条件加载到防冰腔蒙皮外表面,不断地交替更新表面温度和外部热载荷,通过监控相邻迭代步的表面温度变化来判断迭代计算的收敛,最终得到表面平衡温度。

内外传热耦合计算表面温度存在

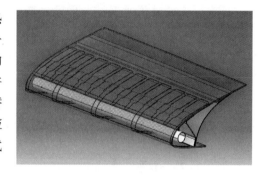

图 4 - 19　防冰腔模型

的难点之一是如何在界面处有效进行内、外网格间变量值信息的相互传递,以此达到传热耦合求解的目的。本项目中由于对外流场进行全机计算,计算域较大,若采用传统的方法(内、外网格界面处数量及形式一致,相同网格节点处数据进行交换)来实现界面的数据传递,则外网格的界面网格必然会较密,网格数量的增多势必降低计算速度。本项目中对界面间数据传递采用了线性插值的方法进行双向插值,实现了不一致界面间的数据传递,这样外网格的界面网格可以疏于内网格的界面网格,大大提高了计算速度。

某状态点下机翼前缘某微段蒙皮外表面温度分布如图4-20所示。

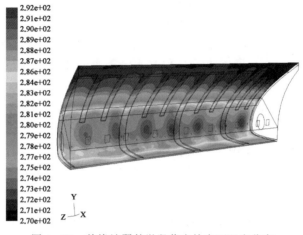

图4-20　前缘缝翼某微段蒙皮外表面温度分布

4.6.1.2　技术创新点

提出了通过机翼展向三维微段进行系统性能校核分析的方法,解决了防冰腔网格划分难度大、缝翼外流场与内流场精确迭代耦合换热的问题,采用了结构与非结构化网格相结合,对缝翼前缘及双蒙皮通道等关键部位进行特殊处理的方式,成功进行了机翼防冰系统的性能校核计算分析,为后续试验结果的对比及充分验证系统性能奠定了基础。

4.6.2　机翼防冰系统冰风洞试验

ARJ21-700飞机机翼防冰系统冰风洞试验于国内首次提出了2.5D模型验证系统性能的分析方法,突破了针对2.5D试验模型笛形管设计,采用限流环模拟不同状态下剩余段位的热气流量的技术难关,解决了通过2.5D试验模型真实模拟机翼后掠及真实反应机翼相同站位下试验件笛形管内热气参数的问题,成功通过冰风洞试验完成了ARJ21-700飞机各种引气参数下的防冰系统性能验证,为后续自然结冰试飞提供支持。

4.6.2.1　技术方案

提出采用2.5D试验模型验证机翼防冰系统性能的分析方法,2.5D模型中间区域截面的试验结果值作为最终结果,能够较为真实地模拟所选临界截面的外流场及换热情况,同时避免了由于冰风洞壁面效应带来的负面影响。同时针对2.5D试验模型的笛形管设计,成功采用限流环模拟不同状态下剩余段位的热气流量,保证试验模型中间区域的笛形管供气参数与真实飞机中所选试验截面站位的供气参数一致。

试验件热气管路分为笛形管、供气管路和排气管路三部分。其中笛形管为机翼防冰系统热气流量分配主要部件,试验件笛形管设计的准确性十分关键。在两个试验件笛形管设计过程中,均采用基准站位处笛形管管径、射流孔直径、射流孔间隔和射流孔角度进行。考虑到在每小段笛形管上温降很小,每个射流孔流量近似一致,可以保证笛形管流量分配的合理性。由于试验件笛形管长度发生变化,因此进出口流量均发生了改变。为了保证试验件流量分配与真实系统相同,以试验件笛形管出口与基准站位处笛形管管段出口流量参数一致作为设计依据。

针对冰风洞试验件对参数测量系统进行了详细的设计研究。防冰系统参数测量主要包括三个方面:压力分布测量、温度分布测量和冰形测量。压力分布测量主要用于系统试验前的攻角修正,温度分布测量用于防冰系统性能验证,而冰形测量则用于获取各试验工况结束后试验件表面残留冰的形状。

针对 ARJ21 - 700 飞机机翼防冰系统冰风洞试验试验程序主要考虑以下几个方面:

(1) 连续最大结冰条件下系统正常工作时蒙皮表面温度分布、表面结冰情况。

(2) 连续最大结冰条件下系统延迟时蒙皮表面结冰情况及温度分布。

(3) 间断最大结冰条件下系统正常工作时蒙皮表面结冰情况及温度分布。

(4) 连续最大结冰条件下系统供气流量减少一定比例时蒙皮表面温度分布及表面结冰情况。

ARJ21 - 700 飞机机翼防冰系统冰风洞试验件在冰风洞中安装情况如图 4 - 21 所示。

图 4 - 21　试验件在冰风洞中安装情况

4.6.2.2　技术创新点

提出了采用 2.5D 模型进行机翼防冰系统冰风洞试验以验证系统的性能,突破了针对 2.5D 试验模型外形及笛形管设计,采用限流环模拟不同状态下剩余段位热气流量的技术难关,解决了通过 2.5D 试验模型真实模拟机翼后掠及真实反应机翼相同站位下试验件笛形管内热气参数的问题,成功通过冰风洞试验完成了 ARJ21‐700 飞机各种引气参数下的防冰系统性能验证,为后续自然结冰试飞提供支持。

4.6.3　结冰条件下短舱防冰系统机上地面试验

为了满足 25.1093(b)(2)要求的温度−9～−1℃、液态水含量不小于 0.3 g/m³、水呈水滴状态(其平均有效直径不小于 20 μm)的大气条件,中国商飞上飞院联合中航工业气动院共同研制了短舱防冰系统地面结冰气象条件模拟系统。于 2012 年 2 月 26 日在黑龙江省哈尔滨市哈飞试飞站机场完成了 ARJ21‐700 飞机结冰条件下短舱防冰系统机上地面试验。

4.6.3.1　技术方案

地面结冰气象条件模拟系统的主要作用是在环境温度为−1～−9℃时,模拟 LWC 和 MVD 满足 CCAR‐25.1093(b)(2)条款要求的水雾。系统包括风洞、供水、供气等子系统。

风洞系统的主要作用是将水雾吹送到试验件附近。风洞的风速可以通过变频器进行调节,改变风洞出口的风速。风洞系统包括洞体外廓、电机、桨毂、桨叶和蜂窝器等。

喷雾系统的主要作用是形成试验所需要的水雾。喷雾系统由若干喷雾杆组成,每条喷雾杆上面布置有若干个喷嘴。喷雾系统包括喷雾耙、电磁阀、喷雾装置和保温柜等。

供水系统由水净化系统和喷雾供水系统两部分组成,水净化系统的主要作用是将自来水经过粗过滤、脱钙、预脱盐和精脱盐处理,生成去离子水。喷雾供水系统的主要作用是储存、加热水净化系统的去离子水,并且以一定的压力供给喷雾系统使用。供水系统包括水净化系统、加热水箱、计量泵和管道泵。

供气系统的主要作用是为喷雾系统提供满足要求的高压纯净气体,供气系统包括喷油螺杆压缩机、储气罐、气体加热罐、减压阀和电动调节阀。

车载及支撑固定系统的主要作用是方便设备运输和试验时的设备固定,包括风洞承载车和设备承载车。高度调节系统的主要作用是试验时将喷雾系统和风洞系统升高到所需要的高度,包括电动推杆和升降框架等。

测控系统的主要作用是集中实现风洞系统、高度调节系统、供水供气系统和喷雾系统的自动控制,系统包括控制柜、控制台、车载计算机、变频器、触摸屏、可编程控制器、传感器、雾滴谱仪、格栅和标杆。

辅助设备是为了实现结冰气象条件模拟而采用的其他设备,包括发电机、照明灯、苫布、对讲机、模拟发动机和断电报警装置等。

地面结冰气象条件模拟系统试验时摆放于飞机右侧,位于发动机前,如

图4-22所示。

4.6.3.2 技术创新点

研制了集风洞系统、喷雾系统、供水系统、供气系统、车载支撑固定系统、高度调节系统和测控系统于一体的大型"地面结冰气象条件模拟系统"地面试验设备,实现了满足适航条款要求的结冰气象条件模拟,系统可移动,灵活性、适应性好,可以满足不同场地、不同型号的使用要求;同时采用管路及连接件模块化密闭封装设计,系统安全可靠。

在供气压力、供水压力耦合的基础

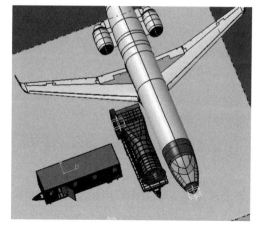

图4-22 试验设备摆放示意

上,采用调节风洞风速、喷雾位置、组合优化喷嘴数量及分布的综合方法,实现了 LWC 在 $0.3\sim3\,\mathrm{g/m^3}$ 和 MVD 在 $20\sim50\,\mu\mathrm{m}$ 范围内的模拟和调节,水雾均匀性在 20% 误差范围之内,系统重现性好。

实现了人工环境、自然环境与飞机的有机结合,采用 LWC、MVD 生成与水雾飘散过冷过程分离技术,同步实现了水滴过冷与喷嘴的不冻结;采用可移动俯仰设计,实现了喷雾系统4自由度调节,满足了复杂气象条件下的水雾模拟。

4.6.4 风挡雨刷系统地面模拟降雨试验

风挡雨刷系统机上地面试验,是在地面模拟飞机在飞行中除雨的试验。和飞行试验相比较,机上地面试验的优点在于风险小且降雨强度可控。在飞行试验前进行机上地面试验,可在较真实的环境中检验雨刷系统的除雨效果。

风挡雨刷系统机上地面试验的关键是如何在地面提供和飞机飞行中相同或者相近强度的降雨。飞机在降雨气象条件下飞行时,风挡玻璃上遭遇的不是竖直降落的雨滴。雨滴除了竖直下降的速度外,还有一个对飞机的相对速度。机上地面试验要为飞机提供一个和雨天飞行相同或者相近的降雨强度,就要考虑相对速度的影响,并在机上地面试验使用的降雨强度中予以体现。

通过研发一种模拟降雨装置,可以提供人工降雨,模拟飞机从起飞滑行到速度达到 $1.5V_{SR1}$ 过程中遭遇大雨的情况(参见 CCAR-25.773 条款),解决了风挡雨刷系统机上地面试验的关键问题。该装置应用到了 ARJ21-700 飞机风挡雨刷系统机上地面试验中,取得了良好的效果。

为了提供试验用的模拟降雨且保证降雨的均匀度和喷洒面积,建立了模拟降雨试验台架。该模拟降雨试验台架采用3种不同型号(共8个)模拟降雨喷头来产生模拟降雨,可以得到 $10\sim600\,\mathrm{mm/h}$ 的模拟降雨,且模拟降雨的雨滴直径、均匀度均接近自然降雨。

模拟降雨试验台架采用控制器、雨量计和水泵实现对降雨的实时控制。首先，通过控制器设定需要的降雨量，降雨过程中，雨量计把测得的实际降雨量反馈给控制器，控制器比较实际降雨量与设定降雨量的差异，通过自动调节水泵的压力，使之逼近并最终达到设定的降雨量。控制器上有一个显示器，既能显示出设定的降雨量，又能显示雨量计测得的实际降雨量。试验过程中，可以自动设定并精确控制模拟降雨的降雨强度。

4.6.5　防冰系统自然结冰试飞

25.1419 条款要求飞机防冰系统必须通过分析确认飞机在各种运行形态下其各种部件的防冰是足够的；同时，为了验证防冰分析结果，检验各种结冰异常情况，演示防冰系统及其部件的有效性，必须对飞机或其部件在各种运行形态和经测定的自然大气结冰条件下进行飞行试验。由于自然结冰试飞气象条件难以寻找、试飞技术难度大、风险高，因此防冰系统的飞行试验成了民用飞机适航取证过程中的重点和难点。

4.6.5.1　技术方案

1）试飞改装

一般情况下机体上需要采取防冰措施的有机翼前缘、发动机进气道前缘、驾驶舱风挡玻璃等部位。对于机翼前缘及发动机进气道前缘多采用热气防冰，对于驾驶舱风挡玻璃多采用电热防冰。

（1）结冰气象参数。

自然结冰试飞中云层的关键结冰气象参数主要有液态水含量（LWC）及水滴直径。一般测量水滴直径的方法有前向散射分光测量仪测量法、光学阵列测量仪测量法、相位多普勒粒子分析仪测量法。液态水含量是结冰云中另外一个重要的参数，它影响冰的形成速度、结冰类型等。测量液态水含量的方法通常有冰生长测量法、热线仪测量法、粒径测量/计数测量法、超声波测量法。

（2）视频记录要求。

自然结冰试飞属于高风险科目，并根据系统性能验证的需要，试飞过程中需对飞机结冰敏感部位进行摄像观察，主要包括机翼、发动机、风挡玻璃、尾翼及一些进气口等。

（3）防冰系统改装。

在自然结冰试飞中，需对供气的温度及压力、供电电流及电压以及防护区蒙皮表面的温度进行测量，从而更量化地掌握各防冰系统在结冰条件下的性能。

2）构型评估

自然结冰试飞的技术难度大、满足要求的气象条件难以寻找、结冰云区气流环境复杂，因此对于飞机制造商来说成功完成自然结冰试飞存在一定的困难。在试飞前，需要完成对飞机相关方面的评估，明确试飞飞机的状态，保障试飞安全。

（1）自然结冰试飞前相关评估。

全机进行自然结冰试飞前，需完成计算分析和冰风洞试验，必要时进行防冰系统干空气条件下试飞等工作；同时还需完成恶劣环境条件下飞机操稳性能、发动机冰脱落、全机闪电防护的评估工作；完成模拟冰型的性能、操稳评估；确保全机的失速保护系统、气象雷达系统、大气数据系统等功能正常。

（2）试飞构型。

对于防冰系统来说，自然结冰试飞过程中至少需考虑以下构型：飞机的气动构型、热气防冰系统的引气构型、系统延迟开启及系统本身构型。

3）试飞中决策程序

（1）结冰气象参数符合性判据。

有效地进行结冰气象参数的符合性判断是自然结冰试飞成功的非常关键的因素之一，气象参数的符合性判据需与飞机的审查方代表进行充分的沟通并取得其认可方可实施。

针对结冰条件下结冰气象参数符合性判断，需通过自然结冰气象参数地面监控判断若 LWC、MVD 等参数较为稳定且在相关条款结冰条件规定范围内时，开始计时，在试验要求规定的时间内若 LWC 及 MVD 值持续稳定，无较长时间的较大波动，且 LWC 值在标准值的一定范围内，则认为此次数据有效，方可脱离结冰云区执行脱冰程序。

（2）应急处理措施。

试飞过程中出现故障及特殊情况需立即采取措施，主要有以下几个方面：防冰系统机械故障、防护表面出现结冰、非防护表面出现结冰、失速保护系统故障、出现发动机熄火以及座舱失压等。

自然结冰试飞是对防冰系统考核的最后一个关键环节，通过自然结冰试飞最终验证防冰系统的各项功能及性能是否满足设计要求，实施困难大，试飞风险高，也是适航当局十分关注的试飞科目之一。经过试飞改装保证获得有效的测试数据，经过构型评估对飞机状态进行确认，决策程序能够快速地确认飞行中的温度，充分和必要的应急措施是飞行安全的防线。

4.6.5.2　技术创新点

试飞中防冰系统在测试改装技术、试飞技术、过程中决策程序研究以及数据处理等方面，达到了国际先进、国内领先水平。主要创新点如下。

（1）针对防冰系统结构复杂及防冰腔空间小的特点，提出了一套胶接热电偶与铠装形式相结合的传感器加装方法，实现了全面且有效获取系统工作特性的参数，成功完成了防冰系统干空气及自然结冰试飞，为有效且全面获取防冰系统性能的关键参数提供支持，为防冰系统适航取证工作奠定基础。

（2）针对高风险试飞科目的自然结冰试飞，提出了从试飞测试改装研究、安全性评估、试飞方法研究到试飞中决策程序确定的一整套系统全面的试飞方法，从而为安全、顺利地进行自然结冰试飞提供保障，降低了自然结冰试飞风险。

（3）针对自然结冰条件下对于结冰气象参数的处理，根据其实际值选取变时间步长，提出了分段等效处理 MVD 及 LWC 的方法，从而更直观地判断数据符合性，为试飞后结冰气象参数的处理提供了简单、合理的处理方法,成功解决了实际试飞中由于结冰云层气象参数不稳定导致的数据散乱的问题。

4.6.6　防冰除雨系统相关故障情况

4.6.6.1　风挡加热控制器故障

1) 问题描述

ARJ21-700 飞机风挡加热系统在检飞时发现系统开启后会经常出现风挡加热失效的 CAS 告警信息。地面排故时发现若调整风挡加热控制器的安装方位,则故障消失,但飞行几个架次后,故障又会复现。

2) 解决措施

通过详细分析故障现象,结合排故工作,发现由于风挡加热控制器受周围电磁环境干扰导致其工作不正常。后针对风挡加热控制器采取电磁环境屏蔽措施,通过后续检飞故障消除。

4.6.6.2　风挡雨刷故障

1) 问题描述

ARJ21-700 飞机 104 架机机头更换后,对应的风挡玻璃更换为曲面风挡玻璃,在风挡雨刷水平放置时,飞行过程中,由于机头气流的作用风挡雨刷经常脱离结构表面并以一定频率拍打结构。通过检查雨刷臂的拧紧力满足设计要求,排除了安装的问题。

2) 解决措施

优化风挡雨刷的设计,即从风挡雨刷水平放置更改为风挡雨刷垂直放置,通过后续检飞发现更改优化后的雨刷工作正常。

4.7　技术管理工作

ARJ21-700 飞机实行主制造商-供应商的研制模式,同时防冰除雨系统均由国外供应商提供,因此在系统的研制过程中,与供应商的高效沟通非常关键。

系统研制过程中,与供应商的沟通方式主要以电话会议、ECM、现场会议等形式为主。针对项目研制的不同阶段,与供应商定期召开工作例会,回顾前期工作、解决当前遇到的问题、同时布置后续工作,所有的工程问题通过 ECM 沟通与记录。对于项目研制中遇到的紧急问题召集供应商现场工程代表进行解决,若实在不能解决,则与供应商安排紧急电话会议探讨问题的解决方案,确保问题以最快的速度解决。

同时 COAMC 与供应商系统工程经理进行定期面对面会议,以回顾系统研制状态并对后续工作做出安排。确保与供应商之间沟通高效,以满足系统研制的需要。

4.8　技术成果

4.8.1　科技成果

ARJ21-700 飞机防冰除雨系统研制过程中,产生的科技成果如表 4-6 所示。

表4-6 科技成果清单

科 技 成 果	授 奖 等 级
ARJ21-700飞机机翼防冰系统性能验证技术	2012年上飞院科技成果一等奖 2013年度中国航空学会科学技术三等奖
地面结冰气象条件模拟系统	2012年上飞院科技成果一等奖 2013年中国商飞科技成果三等奖 2015年上海市科技进步二等奖
ARJ21-700飞机短舱防冰与气源系统设计更改及适航取证技术	2015年上飞院科技成果一等奖 2016年公司科技成果三等奖
ARJ21-700飞机单引气防冰更改与适航验证技术	2016年公司科技成果三等奖
ARJ21-700飞机风挡加温系统排故技术研究	2013年上飞院科技成果二等奖
ARJ21-700飞机间断结冰条件下风挡防冰热性能的验证技术	2015年上飞院科技成果二等奖
ARJ21-700飞机特殊气象条件下风挡视界防护设计和试验验证	2015年上飞院科技成果一等奖 2016年公司科技成果三等奖
民机机翼防冰系统冰风洞试验技术	2014年上飞院科技成果一等奖 2015年航空学会二等奖
民用飞机防冰系统飞行试验技术研究	2013年上飞院科技成果一等奖 2014年公司科技成果三等奖
民用飞机风挡除雨系统设计集成与性能验证技术	2016年上飞院科技成果一等奖

4.8.2 专利

ARJ21-700飞机防冰除雨系统研制过程中,产生的专利如表4-7所示。

表4-7 申请专利清单

序号	专 利 名 称	授予单位	申请号
1	结冰条件探测器	中国国家专利局	201110262725.4
2	地面结冰条件模拟系统	中国国家专利局	201110357934.7
3	结冰探测器	中国国家专利局	201210513166.4
4	结冰探测器	中国国家专利局	201210513812.7
5	结冰探测器	中国国家专利局	201210513790.4
6	用于飞机机翼防冰系统冰风洞试验的翼型试验件	中国国家专利局	201210493265.0
7	一种安装在笛形管的引压组件	中国国家专利局	201210496162.X
8	用于将测温热电偶安装到蒙皮内表面的安装方法	中国国家专利局	201210493335.2

（续表）

序号	专 利 名 称	授予单位	申请号
9	一种安装在笛形管的测温组件	中国国家专利局	201210493168.1
10	一种翼型试验件	中国国家专利局	201210496154.5
11	一种翼型试验件	中国国家专利局	201210493263.1
12	一种发动机的进气道唇口的防冰系统以及防冰控制方法	中国国家专利局	201210496111.7
13	一种基于涡流喷嘴的发动机进气道防冰构型	中国国家专利局	201210243673.0
14	一种雨量实时控制的模拟降雨装置	中国国家专利局	ZW12140082
15	一种可俯仰式喷雾装置承载和移动机构	中国国家专利局	201310296502.9
16	一种过冷水滴的形成与检验技术	中国国家专利局	201310296049.1
17	一种阵列式的水雾喷射装置	中国国家专利局	201310213723.5
18	一种目标反馈式的水雾均匀性控制技术	中国国家专利局	201310295899.X
19	一种开放式结冰条件测量技术	中国国家专利局	201320320545.1
20	一种水雾化喷雾耙	中国国家专利局	201310215160.3
21	一种翼形喷雾耙——外形保护	中国国家专利局	201330439454.5

4.9　相似机型系统设计示例

4.9.1　波音 B737 系列飞机

波音 B737 系列飞机机翼防冰系统使用了来自气源系统的热空气进行前缘缝翼的防冰，如图 4-23 所示，前缘缝翼笛形管采用典型的并联式布置方式，对最外侧

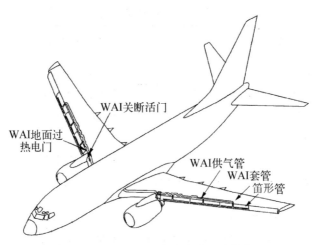

图 4-23　B737 机翼热防冰系统简介

一段前缘缝翼未采取防冰措施。左右机翼前缘各有一个过热保护电门,防止前缘缝翼过热。在驾驶舱中还有推力保护装置电门,位于自动油门架上。当飞机起飞的时候,发动机油门杆向前推,发动机 WAI 电门关闭机翼热防冰活门,以保持发动机推力。进入机翼防冰系统热空气的流量受到每个机翼上截止阀的控制。所有的阀门都由驾驶员头顶面板的上开关单独控制。当系统处于工作状态时,阀门打开,空气通过一个分配系统到达前缘缝翼。整个机翼防冰系统由空气分配管、两个控制阀、电气控制部件、热开关和指示部件组成。

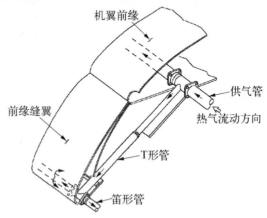

　　如图 4 - 24 所示,防冰系统供气管通过伸缩管与两侧的前缘缝翼相连。伸缩管由两根管子组成,当前缘缝翼放下或收起时,其中一根管子可以在另一根管子中移动,两根管子之间用 O 形圈密封。伸缩管内管通过一个 T 形回转接头与机翼防冰系统供气管相连。T 形接头用每个 T 形接头与供气管末端之间的 O 形圈密封。伸缩管外管通过一个 T 形回转接头与缝翼防冰笛形管相连,伸缩管可以绕缝翼笛形管转动。缝翼内的

图 4 - 24　B737 前缘缝翼防冰腔及伸缩管示意

一个托架支撑伸缩管和笛形管的末端并阻止防冰热气通过缝翼桁梁中的隔断流回。笛形管通过其管上的孔将热气喷射到前缘缝翼防冰腔,热气在防冰腔中流动对缝翼进行加热,然后空气从缝翼底部的孔排出机外。

　　B737 短舱防冰系统由供气管路、防冰活门、压力开关、笛形管和双层套管组成。从气源系统预冷器和压力调节和切断阀(PRSOV)上游引气,高温高压气体经由防冰活门调节压力后,由笛形管分配到进气道 D 形腔内,对进气道蒙皮进行加热,防止结冰。构型简图如图 4 - 25 所示。

　　B737 - 300/400/500 没有安装发光结冰指示杆或结冰探测器;B737 - 600/700/800/900 结冰探测器为选装件。对于 B737 - 600/700/800 机型,机头左侧侧风挡下方安装一支结冰探测器,安装位置见图 4 - 26,以及左侧控制面板上的通告指示灯,组成了咨询式结冰探测系统。驾驶员根据结冰指示,手动打开防冰系统。

　　"ICING light"和"NO ICE light"指示灯安装在左前方控制面板上。结冰探测器探头探测到结冰时"ICING light"灯亮;当先前探测到结冰,目前探测不到结冰时,"ICING light"灯熄灭,"NO ICE light"灯亮;两者不能同时点亮。注意:在"NO ICE light"灯亮时,在风挡的某些区域可能还存在可见冰。"ICE DETECTOR light"位于前方头顶控制面板上。若结冰探测器失效,则"ICE DETECTOR light"亮,同时"MASTER CAUTION light"和"ANTI - ICE system light"点亮。

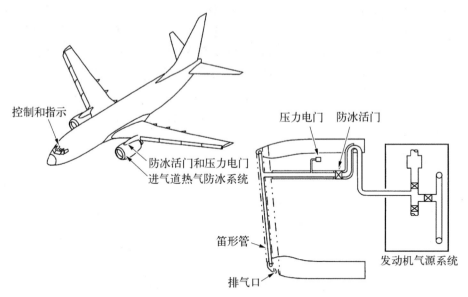

图 4 - 25　B737 短舱防冰系统构型

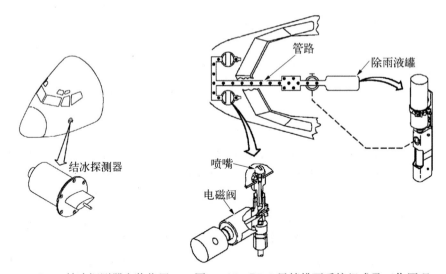

图 4 - 26　B737 结冰探测器安装位置　　图 4 - 27　B737 风挡排雨系统组成及工作原理

B737 飞机使用的风挡排雨系统原理如图 4 - 27 所示,系统由除雨液罐、测量器组件、电磁活门、喷嘴和管路等组成。依靠从气源系统引入的空气流喷洒除雨液,液体喷洒的关断通过驾驶员控制电磁活门实现。

B737 飞机有可以打开的通风窗,未安装风挡清洗系统。

4.9.2　空客 A318/A319/A320/A321

空客 A320 系列飞机机翼防冰系统与 B737 类似,采用来自发动机引气的方法进入前缘缝翼内,如图 4-28 所示,与 B737 不同的是,笛形管的布置形式采用串联式,并且进行最外侧三段缝翼的防冰。

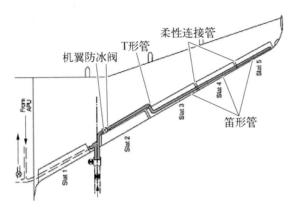

图 4-28　A320 机翼热防冰系统简介

进入机翼防冰系统的流量由压力控制/关断活门(机翼防冰控制活门)控制。当电路供电时,由气动控制/关断活门选择打开。离开控制活门的空气经过固定在机翼前缘内的装有隔热套的供气导管,到达一个伸缩管,该伸缩管将空气传送到 3 号缝翼内的笛形管内侧端。空气经过由柔性导管相连接的笛形管管路,沿 3、4 和 5 号缝翼进行分配。热气经笛形管管壁上的喷口向缝翼表面喷射来加热表面。空气在防冰腔内流动,然后通过加速度槽进入后部,最后空气从缝翼底部表面的孔排出机外,如图 4-29 所示。

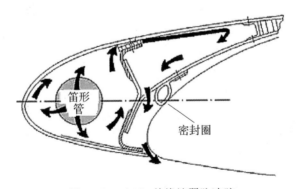

图 4-29　A320 前缘缝翼防冰腔

A320 短舱防冰系统由供气管路、防冰活门、压力开关和涡流喷嘴组成。从发动机高压压气机单独引气,高温高压气体由防冰活门调节压力后,通过涡流喷嘴喷射到进气道 D 型腔内,沿轴向流动一周,对进气道蒙皮加热后排出。构型简图如图 4-30 所示。

空客 A319/A320/A321 飞机使用的是一支发光结冰指示杆的参考型结冰探测系统,手动开启防冰系统。在风挡中间挡圈安装螺栓的地方(如图 4-31 所

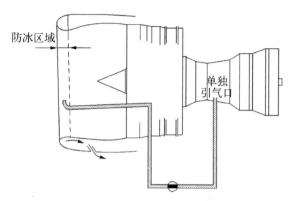

图 4 - 30　A320 短舱防冰系统构型简图

示），安装一支发光结冰指示杆，位于两位驾驶员的视野范围内，驾驶员目视判断是否进入结冰条件。夜间飞行时，可以开启指示杆的内置 LED，为驾驶员照亮指示杆。发光结冰指示杆的外部结构见图 4 - 32，包括有透光小孔的钛合金壳体、透光罩和 LED。

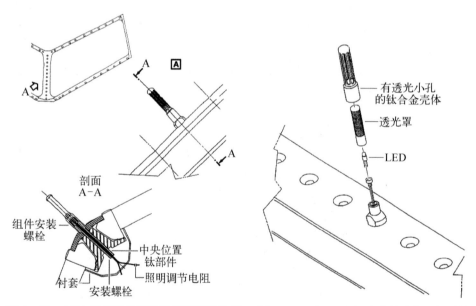

图 4 - 31　A320 飞机发光结冰指示杆安装位置　图 4 - 32　A320 飞机发光结冰指示杆结构

　　A320 飞机有六块风挡玻璃，分别是左侧主风挡、左侧滑动窗、左侧固定窗、右侧主风挡、右侧滑动窗、右侧固定窗。

　　A320 飞机风挡加热系统具有防冰和防雾两种功能。防冰功能用于防止驾驶舱主风挡外表面结冰，防雾功能用于防止主风挡、滑动窗和固定窗的内表面结雾。风挡加热系统分左、右两个相同的子系统。每个子系统分别控制相应一侧的主风挡、滑动窗和固定窗的加热。每侧的风挡加热系统由嵌在玻璃内的导电膜加热元件、风挡温度传感器、风挡加热控制器(WHC)、加热控制开关以及供电和控制线路等组成。风挡加热系统由 WHC 控制对风挡玻璃的加热。WHC 有三个控制通道，可以同时分别控制主风挡、滑动窗和固定窗的加热。WHC 具有自检测和故障报警能力，当系统出现故障时，可在驾驶舱 EICAS 上显示出故障信息，并在 CMS 上记录故障信息。当风挡玻璃温度较低时，为减少对风挡玻璃的热冲击，WHC 采用预热加热方式，即输送到风挡上的加热功率按时段逐步增加，直到风挡温度达到预定值时停止预热，开始以固定的功率进行防冰或防雾加热。

驾驶舱控制面板上的三位旋钮控制开关可以实现"HIGH"(防冰)、"LOW"(防雾)和"OFF"(关断)三种模式，"TEST"按钮开关用于系统自检。

风挡排雨系统在 A320 上为选装系统，部分批次飞机安装有此系统，系统原理如图 4-33 所示。系统由除雨液罐、测量器组件、电磁活门、喷嘴和管路等组成。依靠从气源系统引入的空气流喷洒除雨液，液体喷洒的关断通过驾驶员控制电磁活门实现。

A320 飞机有可以打开的通风窗，未安装风挡清洗系统。

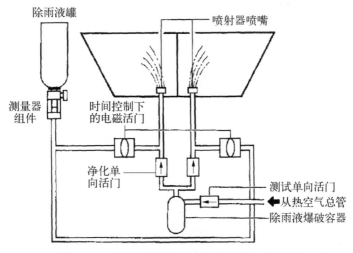

图 4-33　A320 风挡排雨系统组成及工作原理

4.10　系统新技术和未来技术

目前用于航线飞行的大部分飞机都使用热气防冰技术，重量大、能耗高。国外已发展出了无须发动机热气的电加热防/除冰(如图 4-34 和图 4-35 所示)技术。

与传统的热气防冰技术相比，电加热防冰系统不需要从发动机引气，因此不需要引气和热气分配的管路，也不需要各种阀门开关，只需要加温元件和电线，系统结构简单，不会引起发动机的代偿损失，可以降低燃油消耗率。电防冰系统重量轻，不需要排气口，不会增加飞机的阻力，因此经济成本比热气防冰系统更低。电

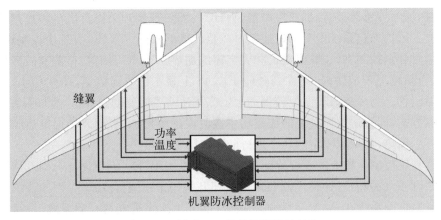

缝翼

功率
温度

机翼防冰控制器

图 4 - 34　波音 787 前缘缝翼防冰结构

图 4 - 35　波音 787 前缘缝翼防冰电加热元件图

防冰系统没有气动元件和复杂管路,维护成本比热气防冰系统更低。电防冰系统是发展的趋势。

随着复合材料在短舱结构上的应用,电防冰技术也将逐步应用到短舱防冰上。短舱电防冰系统一般由短舱防冰控制器、加热片、发电机、电缆、断路器和温度传感器组成,如图 4 - 36 所示。

电防冰和热气防冰相比有如下优点。

(1)加热片温度可以控制在较低的温

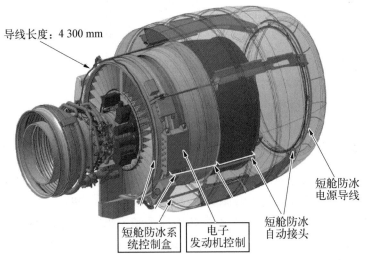

导线长度：4 300 mm

短舱防冰系统控制盒

电子发动机控制

短舱防冰自动接头

短舱防冰电源导线

图 4 - 36　短舱电防冰系统

度范围内,允许进气道唇口使用复合材料。

(2) 电热的能源利用率较高。

(3) 不需要引气管路,系统重量较轻。

我国要发展电防冰技术,存在以下关键技术需进行攻关。

(1) 电防冰系统控制技术研究,主要包括加热区域周期控制、每个加热区域加热时间控制等,以使得电能在一定时间内达到最高效率的利用。

(2) 防护区域加温片布置及黏结技术研究,加温片不同形式的布置会产生不同的加热效果,在不同控制规律下,不同的加温片布置形式同样会产生不同的防除冰效果,因此结合控制规律进行加温片的布置形式及黏结方式技术研究极为关键。

(3) 电防冰系统的试验技术研究,建立完善的电防冰系统试验试飞方法、试验试飞数据采集、数据处理分析等对于系统的性能验证至关重要。

(4) 民用飞机电防冰系统的适航取证方法研究。

B787 首次使用结冰条件探测器,在机头下部起落架前对称安装两支结冰条件探测器,组成主导型结冰探测系统,自动激活防冰系统。B787 结冰条件探测器外形及截面见图 4 - 37,安装位置见图 4 - 38。

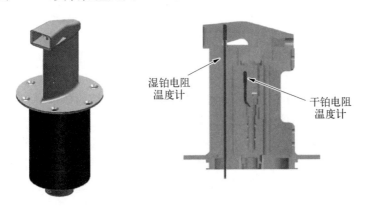

图 4 - 37　B787 结冰条件探测器

结冰条件探测器主要用于探测大气中存在的 LWC,结合总温来判断飞机表面是否结冰。基于图 4 - 37 所示的湿铂电阻温度计(通过加热保持在 80℃)和干铂电阻温度计,两者通过一个电桥连接,如果存在 LWC,则湿铂电阻温度计外部热流变化。为了保持 80℃,加热电压变化,使湿铂电阻温度计与干铂电阻温度计之间存在一个电压差,通过大量 CFD 计算及试验,可以确定电压差对应的结冰条件。

专利 U. S Pat. NO. 7370525 公开了一种光电结冰探测器,专利 U. S Pat. NO. 4461178 公开了一种超声波结冰探测器。它们都包括发射装置和接收装置,由于结冰类型多样,因此对信号的处理较复杂。

Chun 和 Qing 采用两组摄像机获得输电线的结冰照片,通过图像三维重构和对比获得结冰形状,以判断输电线是否结冰。COMBITECH 公司描述了基于图像

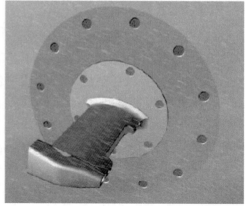

图 4 - 38　B787 结冰条件探测器安装位置

分析监控风力发电机叶片结冰的技术。

专利 CN 102313511 A、CN 102313510 A、CN102313512 A 将图像处理应用到飞机结冰探测领域,公布了一种图像结冰探测器,包括图像获取系统和图像处理系统,从宏观和微观上监控飞机机翼等结冰表面的状况。其方案宏观布置时,在较远距离获得机翼等大面积表面的结冰情况,将使图像质量下降,图像处理速度降低;微观布置时,由于机翼前缘表面对气动力非常敏感,特别是超临界机翼,因此将破坏前缘流场,造成安装困难。

目前在 A350 飞机上使用的风挡排雨系统采用了最新的技术,使用了新的高效除雨液。除雨液喷洒的压力由除雨液罐内的高压气体提供,不再使用引气或者泵来实现液体的喷洒。

目前飞机的除雨系统均使用风挡雨刷系统,外加排雨系统或者除雨膜来保障除雨效果。相比于除雨膜,风挡排雨系统在航线上的维护更为方便。

5　氧　气　系　统

5.1　民机氧气系统

5.1.1　概述

5.1.1.1　氧气系统分类

民用飞机上采用的氧气系统通常分为固定式和便携式两类。固定式氧气系统通常用于乘员较多或经常需要供氧的飞机上；便携式氧气系统则是为了便于乘员从一个供氧点移动到另一个供氧点而设置的手提式供氧设备。

驾驶舱内固定设备可装在操纵台上或其他就近方便的地方。测量仪表、指示仪表和带有指示仪表的调节器可作为一个整体装在驾驶员或副驾驶员正常视野范围内，以便驾驶员在正常飞行位置上容易看到仪表且对其他职能干扰较小。

客舱内在乘员活动的各个位置应装有便携式氧气设备。它由氧气瓶、控制开关或调节器和面罩组成，可供单个或多个乘员使用。便携式氧气设备也可用作没有固定式供氧设备的飞机的旅客应急供氧设备。

5.1.1.2　供氧方式

固定式和便携式氧气设备都具有连续式供氧、肺式供氧和加压肺式供氧三种方式。

1）连续式供氧

连续式供氧，顾名思义，就是通过连续供氧设备将一定流量的气体连续供向氧气面罩。这种系统设计简单、成本低、重量轻、维护方便，为短时间内在 12 200 m 高度飞行提供缺氧保护。对于长时间飞行，一般认为可达到 7 625 m 的飞行高度。

2）肺式供氧

肺式供氧，就是依据使用者的吸气量和吸气频率，在吸气时自动供给氧气，而在呼气时没有氧气供给的间断供氧方式，可以是纯肺式（供给纯氧）或是为了节省氧气而掺入一定量空气的稀释肺式供氧系统。它的特点是调节器的肺式活门能响应压力的轻微变化，在吸气开始的瞬间，由面罩内产生的轻微负压（与周围环境压力相比）使调节器活门打开，并让氧气流进入面罩直到吸气终止。此时，面罩内是轻度正压，于是活门关闭停止供氧。这种设计使得供氧量取决于使用者的需要量，节省了呼气阶段的供氧量。

肺式供氧可用于 10 668 m 的飞行高度,在此高度呼吸纯氧与在 1 525 m 高度呼吸空气相当,即在 10 668 m 高度呼吸纯氧与在 1 525 m 高度呼吸空气具有相同的供氧生理等值高度[①]。如果飞行高度在 10 668～12 200 m 时,则肺式供氧可保证短时间内的用氧需求。

3) 加压肺式供氧

当飞行高度超过 10 668 m 时,为了防止高空缺氧和减压症,应使供给使用者的氧气达到与 1 525 m 呼吸空气具有相同的供氧生理等值高度,并且能长时间起保护作用,除需为使用者提供纯氧外,还必须增加进入面罩的氧气压力,使面罩内压力高于环境气压,这就是加压肺式供氧。

5.1.1.3　民用飞机氧气系统的设置规定

对于正常飞行在 3 048 m 高度以上的座舱增压和不增压飞机都应装有固定式氧气系统。对于飞行高度在 3 048 m 以下的轻型飞机可装有便携式氧气设备。

1) 在 3 048～12 192 m 高度间飞行的民用飞机氧气设备

在飞行高度超过 7 620 m 的整个飞行期间,即使飞机座舱增压控制系统工作正常,操纵飞机的驾驶员也应始终佩戴与氧气调节器连接的氧气面罩,除非机上配备有可快速佩戴的供氧面罩。氧气调节器是"肺式-稀释"型的,并有手动控制装置保证在任何高度都可输送纯氧。在从海平面到 10 668 m 高度期间应提供与 1 525 m 高度相同的供氧生理等值高度的氧气混合气。10 668～12 192 m 高度期间应提供纯氧,必要时提供加压供氧。表 5-1 给出了各座舱高度呼吸气体的含氧百分比要求数值。

表 5-1　各座舱高度呼吸气体的含氧百分比和补充氧百分比要求

座舱高度		含氧百分比	补充氧百分比
m	ft	%	%
1 524	5 000	21	0
3 048	10 000	26	6
4 572	15 000	32	14
6 096	20 000	41	25
7 620	25 000	52	40
9 144	30 000	69	60
≥10 668	≥35 000	100	100

在驾驶舱值勤的每位空勤人员应配备有手臂能达到的范围内与氧气调节器连接的氧气面罩。不在驾驶舱值勤的空勤人员视为一般旅客。客舱服务人员应配备

---

① 供氧生理等值高度:在不同高度上采用各种供氧措施,使肺泡气氧分压维持在相同的水平,致使体内缺氧程度或其他机能水平相同的这一组高度称为供氧生理等值高度。

便携式氧气设备,以便在 7 620～12 192 m 之间的飞行高度上使用。旅客在 7 620～12 192 m 之间的飞行高度上,应能在每个座位上和盥洗室内都可补充氧气。

2) 在 12 192～13 716 m 高度飞行的民用飞机氧气设备

飞行高度在 12 192～13 716 m 的民用飞机,一旦出现座舱减压时,飞机应以规定的速度下降,以便将座舱压力高度限制在 7 620 m 以下。正、副驾驶员按飞行手册中规定的操作程序,完成所有必需的下降动作。

在飞行高度大于 10 668 m 的整个飞行期间,所有在驾驶舱值班的空勤人员都应佩带和使用连接在氧气调节器和氧源上的供氧面罩,除非机上配备有可快速佩戴的供氧面罩。在此高度上氧气调节器自动提供加压供氧。

当座舱高度超过 3 048 m 时,应至少有两种彼此独立的刺激不同感官的警告装置来警告飞行人员,使所有在驾驶舱值班的机组人员立即使用氧气。

座舱发生减压时,应向旅客发出戴上氧气面罩的音响通告或闪光信号通告。此时在每个座位上和盥洗室里的旅客应能立刻得到氧气。供给旅客的氧气分压应至少保证与 3 048 m 压力高度相当的生理当量值。

在座舱高度超过 3 048 m 作持续飞行时,客舱乘务员应在机内各处都能获得氧气。

5.1.2　系统组成

民用飞机氧气系统通常包括 3 个子系统:机组氧气系统、旅客氧气系统和便携式氧气设备,如图 5-1 和图 5-2 所示。

机组氧气系统和旅客氧气系统一般彼此独立,采用不同的氧源。某些机型也采用两个系统共用一个氧源的构型,但同时设置能为值勤的飞行机组单独保留所需最小用氧量的设施。

5.1.2.1　机组氧气系统

机组氧气系统包括 3 部分:氧源、氧气分配、系统控制与指示。

(1) 机组氧气系统的氧源通常为高压气态氧源,氧气储存在带减压调节器的氧气瓶组件内。氧气瓶组件主要包括高压氧气瓶、安全装置、氧气压力表、充氧接头、氧气开关、减压调节器等。

(2) 氧气分配主要由机组氧气面罩(含口鼻型面罩、护目镜、供氧软管、流量指示器、稀释肺式压力调节器、充气头带、头带充气开关、麦克风)及面罩储存装置(氧气面罩箱/面罩杯)、高/低压氧气管路及连接接头等组成。

(3) 系统控制与指示主要由温度压力传感器、低压开关、机外放氧指示器、氧气压力表及连接管路等组成。

5.1.2.2　旅客氧气系统

旅客氧气系统通常由氧气储藏装置和抛放控制指示电路等组成。

氧气储藏装置主要由氧源、连续式供氧面罩以及锁闩机构等组成,安装在客舱

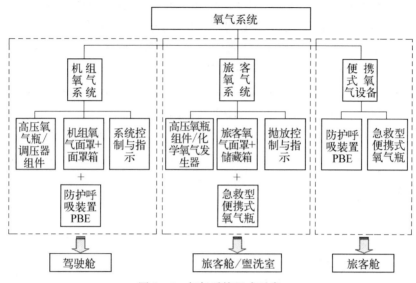

图 5-1 氧气系统组成示意

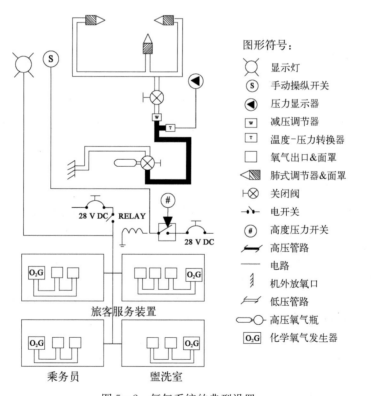

图 5-2 氧气系统的典型设置

注：本图仅包括机组及旅客氧气系统，旅客氧气系统为化学供氧。

旅客座椅上方行李箱架上、盥洗室内和服务员座椅上方天花板上。

抛放控制指示电路主要由座舱高度压力开关(APS)、自动抛放继电器、手动抛放继电器、手动抛放按钮开关等组成。

5.1.2.3 便携式氧气设备

便携式氧气设备一般应包括急救型便携式氧气瓶组件和防护呼吸装置(PBE)。

便携式氧气瓶组件通常由高压气态便携式氧气瓶、减压调节器、氧气压力表、关闭活门、安全活门、连续式供氧面罩、氧气出口接头(4 L/min 或 2 L/min)及背带等组成。

PBE 通常由防烟头套(帽套)、氧源装置、口鼻型面罩(包括语音膜片)等组成,一般放置在专用的存储盒内。

5.1.3 系统功能

5.1.3.1 机组氧气系统

机组氧气系统的主要功能是在下列情况下,为驾驶舱机组人员提供呼吸保护用氧。

(1) 在高空飞行过程中,当发生座舱失压的紧急情况时,为机组人员提供足够的呼吸用氧气,以维持正常的飞行和保证人员生命安全。

(2) 为提高驾驶舱机组人员的夜航视力或消除疲劳提供临时用氧。

(3) 能在有烟雾和着火时为驾驶舱机组人员提供防护用氧,防止吸入烟和有害气体对人体造成不良影响。

5.1.3.2 旅客氧气系统

旅客氧气系统在飞机座舱失压等紧急情况下或因某种原因需要时,为旅客和客舱机组人员提供呼吸用氧气。

5.1.3.3 便携式氧气设备

便携式氧气设备为手提式设备,可为机上个别乘员提供必要的帮助。

(1) 便携式氧气瓶组件为机上个别乘客提供医疗急救用氧;在座舱失压时还能为客舱机组人员提供应急机动呼吸用氧。

(2) PBE 在有烟雾或灭火时为机组人员提供防护呼吸用氧。

5.1.4 系统工作原理

5.1.4.1 机组氧气系统

机组氧气系统通常采用固定式高压气态氧气系统,使用带压力调节器的氧气面罩供氧,供氧方式为稀释肺式。

机组氧气系统典型的基本工作原理如图 5-3 所示。

机组氧气系统的氧源通常采用充氧压力为 1 850 psig[①](12 755 kPa,21℃时)的

---

① psig,磅力每平方英寸,压力单位,1 psig＝6.894 76×10³ Pa。

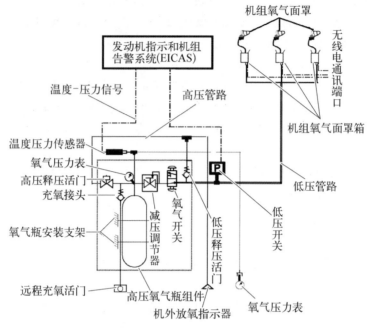

图 5-3　机组氧气系统原理

高压氧气瓶,氧气瓶配备减压调节器,一般安装在机身前部地板下。当氧气瓶开关打开时,高压氧气经调节器调节压力后,再经管路分别输送到正、副驾驶员和观察员的面罩内;调节器关闭时,低压释放阀可将低压管路内氧气释放到周围环境中。当氧气瓶内的压力不足时,可通过与氧气瓶充氧接头相连接的机上充氧活门完成充氧。

　　机组氧气面罩上设置压力调节器,当机组人员呼吸时氧气流入面罩,面罩软管上的压力指示器可指示面罩内有无适当的供氧压力,供氧时压力指示器显示绿色,供氧结束时显示红色。压力调节器具有流量控制旋钮和供氧模式选择手柄,可让操作者自如地选择混合氧、100％纯氧或应急加压呼吸三种供氧方式。调节器上设有一个充气开关,按压开关可控制头带充气,头带充气后膨胀,保证使用者能够轻易地戴上面罩。面罩佩戴好之后,释放开关,头带放气,使面罩可靠地固定在使用者的头部。

　　不使用氧气面罩时,通常将其储存在氧气面罩箱内,面罩箱盖板上有一个闪动式流量指示器,可以在不取出面罩的情况下,通过按压检查按钮,使操作者方便地知道是否有氧气供给。

　　机组氧气面罩内置送话器,通过面罩箱上的压力开关实现与机上话筒的自动转换功能,当机组人员拿取氧气面罩佩戴时,能够自动切换到面罩送话器,保证驾驶舱机组人员在其指定的执勤岗位上使用无线电设备并能相互通话,同时机上悬臂式话筒的功能被抑制。假如自动切换功能失效,则可用手动方式实现切换。

机组氧气系统由两个释压装置保护,以防止超压。当氧气瓶内压力高于设定值时,高压安全装置内的易破盘破裂,氧气通过机外放氧管路向机外放氧,机外放氧指示器(绿色盘片)被冲出机外,从而提供指示作用;当低压端压力超过设定值时,低压释压活门打开,也通过机外放氧管路向机外放氧,释放低压管路内的氧气。

温度压力传感器用于监测氧气瓶内的压力和温度,并将数据传输给航电系统,通过计算后在多功能显示器的概要页面上显示氧气瓶内经修正的氧气量。当氧气瓶内的残余氧量不足时,在发动机指示和机组告警系统(EICAS)上将显示告警信息。低压开关用于监测低压管路中的氧气压力,当管路中的压力低于设定值时,EICAS上也会显示告警信息。机载维护系统可记录温度压力传感器及低压开关的故障信息。

一旦氧气压力不足的告警信息出现,飞行机组人员则应立即将飞机的飞行高度降低到3 048 m或航线最低安全高度,以较高者为准。

5.1.4.2　旅客氧气系统

目前民航客机的旅客氧气系统根据供氧源的不同,一般分为两类:由化学氧气发生器内受控加热固态化学品分解而产生氧气的化学氧系统和用高压氧气瓶供氧的气体氧系统。这两种系统供氧的时间都是有限的,向旅客供氧的持续时间因系统而异,但应不少于10 min。

1) 化学氧系统

化学氧系统的供氧源为化学氧气发生器,内部装有与其配套使用的氧气面罩,一端由一个绳索与化学氧气发生器的点火销连接。在座舱失压的紧急情况下,氧气面罩抛放后,当旅客拉动面罩时,同时也拉动系在化学氧发生器打火销上的绳子,从而启动氧气发生器的化学反应,开始供氧,氧气通过软管流到面罩中。一旦开始化学反应,氧气发生器便可持续供应至少10 min的氧气。

系统控制分为自动抛放和手动抛放两种控制方式。当座舱失压后,氧气面罩可以通过自动抛放系统实现自动抛放,也可以通过手动操作设置在旅客氧气系统控制面板上的面罩抛放开关,抛放氧气面罩。控制原理如图5-4所示。

(1) 自动抛放。

在紧急情况下,当座舱高度大于设定值时,高度压力开关(APS)会产生一个离散信号。经过航电系统的传输,向自动抛放继电器发出一个持续5 s的控制指令,自动抛放继电器即开始工作,通过接通旅客氧气系统电路促使面罩箱锁闩机构工作,使全部氧气储藏盒打开,全部面罩抛放。旅客佩戴面罩后,可持续获得至少10 min的呼吸用氧气。

当旅客氧气系统工作后,驾驶舱内指示记录系统可显示面罩已被释放的信息,同时氧气系统控制面板上的面罩抛放指示灯工作发亮,直至自动抛放电路复位或飞机断电。驾驶员通过按下旅客氧气系统维护面板上的旅客氧气系统复位按钮使

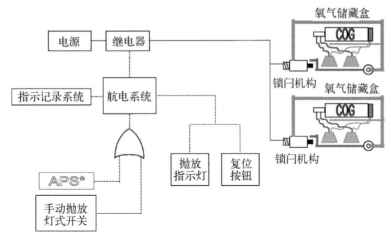

图 5-4　化学氧系统控制原理

自动抛放系统复位,同时抛放指示灯熄灭。

（2）手动抛放。

如果旅客氧气系统自动抛放方式不能正常工作,或者驾驶员根据需要决定手动抛放面罩时,则驾驶员可按下旅客氧气系统控制面板上的面罩手动抛放灯式开关,为手动抛放继电器供电,使手动抛放系统工作,打开氧气面罩盒盖,抛下面罩。手动抛放(延时)继电器仅为手动抛放系统供电 5 s 后便断开输送到面罩箱盖锁闩机构上的电流。

当旅客氧气系统工作后,驾驶舱内指示记录系统可显示面罩已被释放的信息,同时旅客氧气系统控制面板上的面罩抛放指示灯及手动抛放灯式开关上的指示灯同时工作发亮,直至手动抛放系统复位或飞机断电。复位功能通过再次按压手动抛放开关实现,此时开关弹起,其上的指示灯熄灭,同时面罩抛放指示灯熄灭。

2）气体氧系统

气体氧系统的供氧源为高压氧气瓶,配套的电调分氧装置将系统氧源压力按高度调节到不同的输出压力并执行供氧程序控制,通过设置在旅客氧气面罩盒上每个与单只面罩相连的供氧接嘴中的定径孔,向旅客和乘务员提供按高度调节的连续供氧流量。连续供氧量标准符合民航条例 CCAR-25.1443(c)所规定的要求。系统原理如图 5-5 所示。

系统高压端进/出口处设置热补偿件,电调分氧装置内设计有缓开机构,以防系统激活过快,在激活起始瞬间,高压高速氧气流滞驻导致高温起燃。

在紧急情况下,当座舱高度大于设定值时,系统通过设置在电调分氧装置内的高度压力开关自动激活释放位于旅客和乘务员座椅上方以及每个盥洗室内的个人氧气面罩,激活释放过程的时间为 7~15 s。旅客佩戴面罩后,可持续获得至少

10 min的呼吸用氧气。氧气流量和供氧压力与高度有关,流量可由流量控制/调节装置自动控制,用氧高度越低,氧气流量越小。

此外,在驾驶舱控制面板上还设置有一个手控电路开关,可手动释放旅客服务装置内的氧气面罩。驾驶舱内指示记录系统可指示氧源压力,显示面罩已被释放的信息。

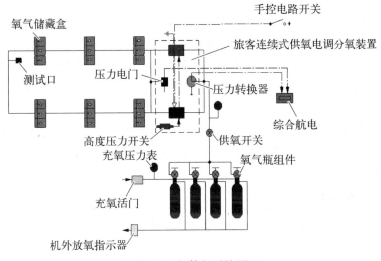

图 5-5 气体氧系统原理

5.1.4.3 便携式氧气设备

1)便携式氧气瓶组件

氧气以高压气态形式贮存在复合材料氧气瓶内。高压氧气通过压力调节器减压后通过分配管路和连续式供氧面罩为使用者提供压力恒定的连续式呼吸用氧,氧气出口流量有高/低两种方式供选择。当氧气瓶超压后,氧气可通过调节器上的安全阀释放到周围环境中去。

便携式氧气瓶通过一个手动控制阀控制"HIGH FLOW""LOW FLOW"流量选择功能,在7 620 m高度,高流量出口保证最小值4.0 L/min-STPD[①],低流量出口保证最小值2.0 LPM-STPD。

当氧气瓶内的压力不足时,可通过调节器上的充氧接头完成充氧。

2)PBE

PBE是符合TSO-C116规定并获得批准的防护呼吸设备,用于在有烟雾和有毒气时保护人的眼睛及呼吸系统。PBE是一种封闭式的循环呼吸装置,通常采用化学空气再生系统或高压压缩氧气,利用口鼻型面罩为使用者提供所需的呼吸环境。供氧时间一般不少于15 min。

---

① STPD——标准温度、标准压力、干空气条件,T=0℃,P=101.3 kPa。

采用化学空气再生系统作为氧源的 PBE 利用化学反应产生的氧气向使用者提供呼吸用氧。目前的化学空气再生系统普遍使用的物质是 K_2O_2，通过使用者轻微的呼气动作启动化学反应，产生的低湿度氧气降低了帽套内的湿度，从而提高使用者的舒适度并防止护目镜起雾而影响视界。

采用高压压缩氧气作为氧源的 PBE，在佩戴装备的同时可开启氧源开关，向使用者提供呼吸用氧。

具有弹性隔膜的帽套将使用者的头部、颈部及肩部完全隔离保护。帽套内部具有充足的空间，可以为留长发及佩戴眼镜的使用者提供保护。弹性的密封隔膜可以适用于机上各种体型的人员。超大的护目镜可以为使用者提供清晰开阔的视野。帽套后面采用从颈部开始一直延伸到背部的防护罩，防止使用者的头肩部直接接触火焰。

在口鼻型面罩内安装有一个语音膜片，可提高通话能力。上述装置都由真空密封袋密封放置在一个存储盒内，采用这种储存方式可保证 PBE 具有较长的储存及使用寿命。

5.1.5　系统接口

飞机系统的接口设计包括功能接口、机械接口及电气接口。

5.1.5.1　功能接口

氧气系统的功能接口定义对系统及其所安装飞机的功能和运行进行描述，包括与飞机其他系统、功能之间的关系，并建立系统功能关系、物理关系和信息关系。

氧气系统功能接口定义通常应包括如下内容。

（1）氧气系统内部功能接口：系统级功能间接口需求关系。

（2）系统外部功能接口：氧气系统级功能与其他系统所属的飞机级功能的接口需求关系。

（3）公共信息输出接口：氧气系统在显示、告警、维护等公共信息方面的接口需求。

系统功能接口定义通常在 JDP 阶段进行，定义功能接口时，需确保下述工作已经完成：

（1）系统功能定义。

（2）系统功能分解。

（3）系统需求定义。

（4）系统架构设计。

5.1.5.2　机械接口

氧气系统的机械接口应符合以下要求。

（1）系统内部件、附件之间的交联机械接口，系统与外部设备、飞机机体之间的交联机械接口应相互协调,尽可能采用标准连接形式。

(2) 系统设备、附件的机械连接,在任何使用的环境条件下都不松动或发生管路漏气,例如冲击、振动、坠撞安全、加速度等。

(3) 每一个机械安装位置都要确保设备在正确的安装方向上。

(4) 机械连接产生的应力和载荷不会使设备从预定位置发生移动,不会造成设备本身的变形。

5.1.5.3 电气接口

氧气系统与机上其他系统之间交联的电气接口应符合型号飞机相关规范的规定,基本的接口要求应包括如下内容:

(1) 在整个飞行过程中,对系统氧气瓶内的压力应进行实时检测,实时显示氧气瓶内的氧容量。当氧气瓶内的氧容量低至预警值时,应立即发出告警信号。

(2) 驾驶舱显示系统应能显示旅客氧气面罩已被抛放的工作状态给飞行机组,以便飞行机组采取相应的措施。

(3) 当座舱高度达到接通供氧高度时,应发出用氧告警信号,以便提示所有乘员佩戴氧气面罩。告警信号应能自动发出,可以是光电或音讯信号的形式。

(4) 驾驶舱飞行机组人员佩戴面罩后应能进行正常的通信活动,手持话筒与面罩麦克风应能自动或手动切换。

(5) 飞机维护系统应能记录氧气系统的故障信息。

5.2 ARJ21-700 飞机氧气系统简介

现代民用飞机一般都在 7 000～12 000 m 的高空飞行,在此高度上,空气中的氧分压只有十几千帕,人体暴露在这样的环境中,会受到低气压环境的影响,主要表现为高空缺氧和低压效应,是十分危险的。科学试验表明,人体暴露在 7 000 m 高空的有效意识时间是 5 min 左右,而在 12 000 m 以上有效意识时间只有 20～26 s。因此,需要给驾驶员和乘客提供足够的呼吸用氧气,以维持正常的工作能力和保证人员生命安全。氧气系统作为维护机上人员呼吸与安全的重要系统,被现代民用飞机广泛使用。通常情况下,民用飞机采用增压气密舱,随飞行高度调节舱内环境,使舱内压力大于外界大气压力。通过发动机引气将空气增压后供入飞机舱内,即使在万米高空,机舱内环境一般也不会超过海拔 2 400 m。氧气系统作为应急系统,在正常情况下不使用。当气密舱一旦发生失压等紧急情况时,舱内压力会急剧下降,在座舱高度大于 3 000～4 000 m 时,启用氧气系统,及时为机上人员提供呼吸用氧,以防止高空低气压引起的人体高空缺氧,保证人员的安全。

ARJ21-700 飞机氧气系统由机组氧气系统、旅客氧气系统及便携式氧气设备 3 个独立的子系统组成(见图 5-6)。氧气系统可以在座舱失压的紧急情况下为机组、乘客提供应急呼吸用氧;在有烟雾和着火时为机组人员提供防护用氧;此外,氧气系统还可以根据需要,为机上个别乘客提供医疗急救用氧。ARJ21-700 飞机机组氧气系统和旅客氧气系统彼此独立,采用不同的氧源。某些机型也采用两个系统共用一个氧源的构型,但必须设置能为值勤的飞行机组单独保留所需最小用氧量的设施。

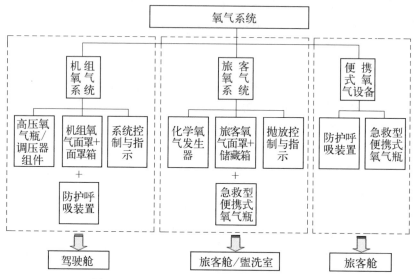

图 5-6　ARJ21-700 飞机氧气系统组成示意

机组氧气系统是一套使用稀释肺式氧气面罩调节器供氧的固定式高压气氧系统(见图 5-7)。固定式氧气系统通常用于乘员较多或经常需要供氧的位置。驾驶舱内固定设备可装在操纵台上或其他就近方便的地方。测量仪表、指示仪表和带有指示仪表的调节器可作为一个整体装在驾驶员或副驾驶员正常视野范围内,以便驾驶员在正常飞行位置上容易看到仪表而对其他职能干扰较小。

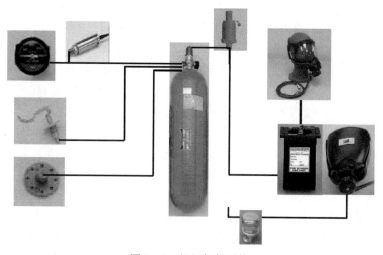

图 5-7　机组氧气系统

肺式供氧就是依据使用者吸气量和吸气频率,在吸气时自动供给氧气,而在呼气时没有氧气供给的间断供氧方式,可以是纯肺式(供给纯氧)或是为了节省氧气而掺入一定量空气的稀释肺式供氧系统。它的特点是调节器的肺式活门能响应压力的轻微变化而在吸气开始的瞬间,由面罩内产生的轻微负压(与周围环境压力相比)使调节器活门打开,并让氧气流进入面罩直到吸气终止。此时,面罩内是轻度正压,于是活门关闭停止供氧。这种设计使得供氧量取决于使用者的需要量,节省了呼气阶段的供氧量。肺式供氧可使用到 10 668 m 的飞行高度,在此高度呼吸纯氧与在 1 525 m 高度呼吸空气相当,即在 10 668 m 高度呼吸纯氧与在 1 525 m 高度呼吸空气具有相同的供氧生理等值高度。如果飞行高度在10 668~12 200 m,则肺式供氧可保证短时间的用氧需求。当飞行高度超过10 668 m 时,为了防止高空缺氧和减压症,使供给使用者的氧气达到与 1 525 m呼吸空气具有相同的供氧生理等值高度,并且能长时间起保护作用,除需为使用者提供纯氧外,还必须增加进入面罩的氧气压力,使面罩内压力高于环境气压,这就是加压肺式供氧。

旅客氧气系统采用化学氧系统,由化学氧气发生器产氧,通过连续式供氧面罩给旅客供氧(见图 5-8)。连续式供氧,顾名思义,就是通过连续供氧设备将一定流量的气体连续供向氧气面罩。这种系统设计简单、成本低、重量轻、维护方便,为短时间在 12 200 m 高度飞行提供防止缺氧保护;对于长时间飞行,一般认为可用于7 625 m 的飞行高度。

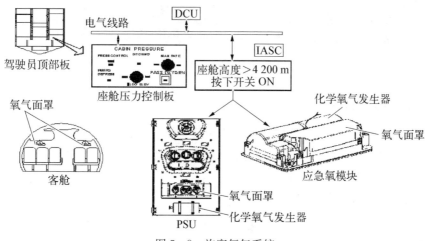

图 5-8 旅客氧气系统

旅客氧气系统包括氧气储藏、分配、控制和显示四部分,由氧气储藏装置、连接软管和抛放控制电路等组成。氧气储藏装置主要由化学氧发生器、经由 TSO-C64b 批准的旅客氧气面罩氧气储藏盒盖以及锁门机构等组成,分别安装在客舱旅客座椅上方行李箱架上、盥洗室内和服务员座椅上方天花板上。控制抛放电路主要由座舱高度压力开关、手动抛放开关、高度继电器、抛放继电器和旅客氧气状态继电器等组成。

便携式氧气设备由急救型便携式氧气设备和防护呼吸设备组成,如图5-9所示。客舱内在乘员活动的各个位置均装有便携式氧气设备。急救型便携式氧气设备由容积约为11 ft³(0.31 m³)的高压气态便携式氧气瓶和减压调节器、氧气压力表、关闭活门、安全活门、TSO-C64b批准的连续式供氧面罩、面罩贮藏袋、4 LPM(或2 LPM)氧气出口接头及背带等组成,可为个别旅客提供医疗急救用氧以及在座舱失压时为乘务员提供应急机动呼吸用氧。防护呼吸设备(PBE)由防烟头套(帽套)、化学空气再生系统、口鼻型面罩(包括语音膜片)等组成,可在机上灭火排烟时为使用者提供防护呼吸用氧。

图5-9　便携式氧气设备

5.3　专业研制文件依据

ARJ21-700飞机氧气系统依据飞机顶层总体要求,并遵照CCAR-25/91/121相关适航条款以及相关的行业标准等进行设计,以保证系统和飞机安全性为前提,强调高可靠性和良好的维护性。

1) 适航规章(见表5-2)

表5-2　氧气系统适用的适航规章

适航规章编号	适航规章名称
CCAR-25-R3	运输类飞机适航标准
CCAR-91-R2	一般运行和飞行规则
CCAR-121-R2	大型飞机公共航空运输承运人运行合格审定规则

2) 咨询通告（见表 5 - 3）

表 5 - 3　氧气系统适用的咨询通告

咨询通告编号	咨询通告文名称
AC 25.1309 - 1A	System Design and Analysis — FAA Advisory Circular RTCA DO 160D Environmental Conditions and Test Procedures for Airborne Equipment
AC 25 - 7A	Flight Test Guide for Certification of Transport Category Airplanes

3) TSO 文件（见表 5 - 4）

表 5 - 4　氧气系统适用的 TSO 文件

TSO 号	TSO 文件名
FAA TSO - C58a	Aircraft Microphones (Except Carbon)
FAA TSO - C64a	Passenger Oxygen Mask Assembly，Continuous Flow
FAA TSO - C78a	Crewmember Oxygen Demand Masks
FAA TSO - C89a	Oxygen Regulators，Demand
FAA TSO - C99a	Flight Deck (Sedentary) Crewmember Protective Breathing Equipment
FAA TSO - C116a	Crewmember Protective Breathing Equipment

4) 工业标准（见表 5 - 5）

表 5 - 5　氧气系统适用的工业标准

标 准 号	标 准 名 称
RTCA/DO - 160D	Environmental Conditions and Test Procedures for Airborne Equipment
SAE AIR 1390A	Convenient Location of Oxygen Masks for Both the Crew and Passengers of Aircraft
SAE ARP 4761	Guidelines and Methods for Conducting the Safety Assessment Process on Civil Airborne Systems and Equipment

5) 型号文件（见表 5 - 6）

表 5 - 6　氧气系统适用的型号文件

序 号	文 件 名
1	ARJ21 飞机设计技术要求
2	ARJ21 飞机通用技术规范
3	ARJ21 - 700 飞机重量指标

（续表）

序　号	文　件　名
4	ARJ21 机载设备和系统电磁环境效应接口要求
5	ARJ21 飞机电子电气系统闪电防护设计技术要求
6	ARJ21 飞机电子/电气系统高强度辐射场（HIRF）防护设计技术要求
7	飞机供电系统对机载用电设备的要求
8	ARJ21 新支线飞机电搭接规范
9	ARJ21 - 700 飞机适航审定基础
10	新支线飞机可靠性设计准则
11	新型涡扇支线飞机寿命可靠性/安全性要求
12	新型涡扇支线飞机整机级功能危险分析
13	新支线飞机维修性设计准则
14	ARJ21 - 700 飞机试飞阶段维修性验证要求
15	新支线飞机维修性要求

5.4　研制过程技术工作

1）建议书及评标阶段（RFP）

发出 RFP 后，共收到两家供应商的答复。通过评标，选择 BE 作为 ARJ21 - 700 飞机氧气系统的供应商。

2）联合定义阶段（JDP）

在 JDP 阶段，主要和供应商 BE 围绕系统构架、系统方案、初步接口定义等方面开展工作。

3）初步设计评审（PDR）

2005 年 4 月对供应商 BE 开展的机组氧气系统和便携式氧气设备设计工作进行了初步设计评审。

4）关键设计评审（CDR）

在详细设计阶段氧气专业和供应商 BE 从设计要求、设计方案、接口关系、性能分析、安全性/可靠性/维护性、适航验证及支持、质量保证及控制、重量、地面支援设备等方面对机组氧气系统和便携式氧气设备进行了审查和确认。并于 2007 年 12 月在上海进行了 CDR。

5）系统集成和验证阶段

CDR 结束后，氧气系统完成了安装图纸、解决了安装中出现的问题、完成了与航电系统的交联试验、完成了机上功能试验（OATP）、完成了飞行安全（SOF）环境鉴定试验、进行了试验规划、开展系统级安全性、可靠性、维修性设计分析工作，进行了初步的技术出版物的编制工作，并与局方确定了合格审定计划。

6）导线综合试验（WIT）

系统导线综合试验由电气部门负责完成。氧气系统导线综合试验均先于氧气系统机上功能试验。

7）机上功能试验（OATP）

101 架机机组氧气系统试验程序共 12 项试验内容，其中 5 项于 2008 年 8 月 20 日在总装车间完成；7 项于 2008 年 11 月 12 日在试飞站完成。旅客氧气系统 OATP 在首飞后完成，首飞时 101 架机客舱未搭乘人员。

8）机上地面试验（MOC5）

ARJ21‐700 飞机氧气系统机上地面试验包括机组氧气系统试验和旅客氧气系统试验，试验共分 6 次完成。

（1）以氧气为介质进行的 EICAS 信息和 MFD 概要页面试验-减压、CMS 信息显示试验、空勤氧气面罩的功能及可达性检查，按试验大纲于 2011 年 3 月 29 日下午在试飞院 103 架机上进行。

（2）以氮气为介质进行的 EICAS 信息和 MFD 概要页面试验-升压，于 2011 年 6 月 29 日下午在试飞院机场 103 架机上进行。

（3）CMS 信息显示试验的补充试验于 2011 年 11 月 30 日上午在试飞院机场 103 架机上进行。

（4）旅客氧气系统化学氧气发生器检查于 2014 年 7 月 9 日下午在试飞院机场 103 架机上进行。

（5）90 座客舱布局旅客氧气系统功能试验于 2014 年 7 月 31 日晚在上飞公司总装车间 105 架机上进行。

（6）78 座客舱布局旅客氧气系统功能试验于 2014 年 8 月 3 日下午在上飞公司总装车间 105 架机上进行。

9）机上检查（MOC7）

2011 年 2 月 11 日在试飞院 103 架机上完成了氧气系统机上检查。后由于氧气系统进行氧气舱更改，因此于 2014 年 7 月 30 日下午和 2014 年 7 月 31 日晚上在 105 架机上进行了补充检查。

10）设备鉴定试验

由于在首飞前无法完成成品件的环境鉴定试验，考虑到 BE 公司的设计水平成熟，设计经验丰富，因此双方达成一致意见：BE 可以先交付具有合格证（COC）的成品件，首批交付成品件的合格鉴定试验以及系统综合试验将在交付后进行。

首飞结束后，供应商陆续完成了设备鉴定试验，并提交了试验报告。在试验验证过程中，氧气系统进行了优化设计和更改，所涉及成品件的更改，均重新进行了鉴定试验或补充分析。

氧气系统按照设备的属性和特点，对系统设备鉴定试验进行了分类总结，共形成了9份设备鉴定试验总结报告。

11）调整试飞

2009年9月，氧气专业完成首飞前系统设计总结报告，对首飞101架机氧气系统的状态进行了总结和评估，表明氧气系统能满足ARJ21-700飞机首飞要求，并明确了系统限制条件。2008年12月28日，ARJ21-700飞机首飞成功。

12）研发试飞

101架机成功首飞后，102～105架机先后成功首飞。氧气系统的适航验证工作也依据氧气系统合格审定计划同时全面展开。并进行了系统的优化和改进工作。

13）合格审定验证试飞（MOC6）

ARJ21-700飞机氧气系统共4项试飞验证科目。其中机组氧气系统试飞为重复试飞科目，其他3项为并行试飞科目。

（1）机组氧气系统试飞。

ARJ21-700飞机机组氧气系统试飞科目分为表明符合性试飞和审定试飞，均在103架机上进行。ARJ21-700飞机机组氧气系统共进行了四次试飞，试验时间分别为2013年5月27日、2013年6月18日、2013年8月14日和2014年5月5日（其中前两次为表明符合性试飞，后两次为审定试飞，并于2013年8月19日进行一次功能检查试飞）。

（2）旅客氧气系统试飞。

2013年8月14日、8月19日和2014年5月5日，ARJ21-700飞机103架机在阎良机场按照试飞大纲进行了三架次旅客氧气系统试飞。

（3）便携式氧气设备试飞。

2013年5月27日、2013年6月18日、2013年8月14日和2014年5月5日，ARJ21-700飞机103架机在阎良机场，按照试飞大纲分两次进行试验。

（4）氧气舱排气功能试飞。

2014年10月24日，ARJ21-700飞机104架机在阎良机场按照试飞大纲进行了氧气舱排气功能飞行。

5.5 重要技术问题

5.5.1 电缆与氧气瓶区域安全性问题

5.5.1.1 问题的提出

我国民用飞机的研制工作刚刚起步，尤其ARJ21-700飞机的适航取证工作在国内属首次依据CCAR-25完成适航合格审定。CCAR-25部适航规章869（c）(3)条款规定，氧气设备和管路的安装必须使得所漏出的氧气不致点燃正常工作时存在的和因任何系统失效或故障而聚积的油脂、油液或蒸气。CCAR-25.1301（a）

(4)要求所安装的每项设备在安装后功能正常。CCAR-25.1309(a)要求凡航空器适航标准对其功能有要求的设备、系统及安装，其设计必须保证在各种可预期的运行条件下能完成预定功能。SAE AIR 825/12 对氧气管路与电缆距离提出了间距要求，对间距不满足要求的情况应采取隔离防护措施。

高压氧气系统为机组氧气系统子系统，通常包括带调节器的机组氧气瓶组件、高压管路、传感器等设备。ARJ21-700 飞机安装有一个充满压力为 1 850 psig（12 755 kPa，21℃时）、容积为 50 ft³（1.42 m³）的高压氧气瓶组件，贮存了 1 435 L-NTPD 的纯氧。

2010 年 6 月在 ARJ21-700 飞机 104 架飞机区域安全性机上检查中发现如图 5-10 所示问题：前货舱右侧三角区域内安装的机组氧气瓶组件附近安装有大量电缆且距离太近。问题可总结为电缆与氧气瓶组件距离太近，电缆产生的电火花和泄漏的氧气可能会引起燃烧，并有可能导致氧气瓶发生爆炸，进一步破坏电缆。

机组氧气瓶组件

图 5-10　前货舱前部右侧三角区域

2008 年 6 月 28 日晚，美国 ABX 航空公司 B767-200 货机在地面启动发动机之前，紧接驾驶舱之后的区域发生火灾，机场救援和消防人员及时扑灭了大火，大火造成飞机前厨房区域的机身顶部结构烧穿（见图 5-11）。飞机上只有机长和副驾驶两人，他们从驾驶舱的逃离窗离开了飞机，并没有受伤。火灾造成飞机严重损坏。美国国家运输安全委员会（NTSB）的调查结果显示火是从驾驶舱和主货舱之间的连接区

图 5-11　ABX 航空 B762 货机地面上电后起火

域开始燃烧的,起火的原因可能是飞机电缆与氧气系统部件之间没有适当的间隙。氧气软管内具有导电性的弹簧在其附近电路的影响下发生短路,产生热量并点燃了塑料软管。

2008年7月25日,澳大利亚快达航空公司一架波音B747-400飞机执行香港-堪培拉航班任务时,飞机在高空时机腹部位突然裂开了一个宽达3 m的"破洞",造成飞机紧急释压,飞机最终紧急迫降在菲律宾马尼拉机场,无人员伤亡(见图5-12)。澳大利亚国家运输安全局(ATSB)调查显示机腹破裂的原因可能是飞机上氧气瓶内高压氧气突然泄压并发生爆炸引起的。ATSB说,爆炸的氧气瓶已经遗失,但为了达到调查的目的,ATSB找到了跟爆炸的氧气瓶同一个生产批次的五个氧气瓶进行测试。但通过测试显示,这些氧气瓶都达到或超过了安全要求。因此,氧气瓶爆炸原因未明。

图5-12　快达航空B747飞机高空高压氧气瓶爆炸

5.5.1.2　问题定位及原因分析

早期货舱三角区的布置不合理,未充分考虑氧气设备与电缆间的电缆要求和共因失效的危害,导致空勤氧气瓶组件周围布置了大量的电缆线束。

货舱三角区通风效果差,在ARJ21飞机设计初期,货舱装饰板上开了通气孔,利用货舱内的空气流向三角区,稀释可能泄漏的氧气。同时,利用客舱流向三角区的回风稀释可能泄漏的氧气。后来,由于C级货舱的要求,取消了货舱通风构型,该通气孔相应取消,导致泄漏的氧气易聚集于三角区内。

客舱及货舱三角区的通风设计不能有效消除氧气释放在三角区的安全隐患。客舱右侧空气流向前货舱右侧三角区,释放的氧气被稀释。由于空气管理系统位于前货舱后挡板后部的排气活门的作用,前货舱左侧三角区的空气压力要低于右侧三角区的空气压力。前货舱右侧三角区的空气可分别从前货舱前挡板前部、前货舱顶壁板与客舱地板之间流通到前货舱左侧三角区,然后到达前货舱后挡板后面的排气活门处,最终排放到机外。定性评估表明该区域通风情况不够理想。图5-13为前货舱右侧三角区空气流通示意。

图 5-13　前货舱右侧三角区空气流通

定量计算也表明,在原先的设计中一旦发生氧气泄漏,则前货舱右侧三角区的空气含氧量可达到 29.7%。若此时电缆产生电火花,则在富氧的情况下极易引起燃烧,从而导致火灾甚至灾难性的事件发生。

搜集和借鉴国外飞机先进技术,针对 ARJ21-700 飞机实际布置情况,形成机组氧气瓶区域安全性问题解决方案,获得审查方的认可,并于 2012 年 10 月 26 日进行上海飞机设计研究院方案评审。2012 年 10 月 27 日第 7 次 PCB 会议上对"氧气系统新增成品件采购及更改氧气瓶安装位置"进行了决策。更改方案于 2013 年 10 月在机上实施,补充验证工作均已获得审查方批准。

5.5.1.3　解决措施

经过对相似机型进行充分调研,基于飞机现状提出了高压氧气系统区域防护设计与氧气舱增压及噪声抑制设计相结合的技术方案。

1) 高压氧气系统区域防护设计

高压氧气系统所处的舱,应该有足够的通风条件以保证泄漏氧气的快速稀释。同时这种舱也能对可能导致火灾危险的物体引发的污染提供足够的防护。采用绝缘的隔板将高压氧气瓶组件隔离,此隔板与机身蒙皮形成氧气舱。高压氧气瓶组件、充氧服务面板、机外放氧指示器、高压管路等包含在氧气舱内,同时,隔板边缘与周围结构密封处理,实现氧气设备与机上周围环境的物理隔离。地面充氧服务面板上设计排气孔,将可能泄漏到氧气舱的氧气排放到机外。地面充氧服务面板的口盖上设计相应的通气孔,保证气体不在地面充氧服务面板与口盖之间积聚。该通气孔位于地面充氧服务面板上的排气孔下方并与之尽量远离,可防止雨水倒流进氧气舱内。穿过氧气舱壁板的低压管路和氧气设备的连接电缆与氧气舱相交处,进行密封穿墙件设计。在氧气舱壁板上设计维护口盖,便于机组氧气瓶的日常勤务和安装拆卸。氧气舱示意如图 5-14 所示,高压氧气系统区域防护设计如图 5-15 所示,机上实施情况如图 5-16 所示。

2) 氧气舱增压及噪声抑制设计

为解决高空飞行时氧气舱内的系统设备暴露在非增压环境和高空飞行时氧气

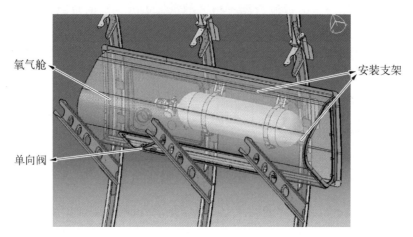

图 5-14　氧气舱示意

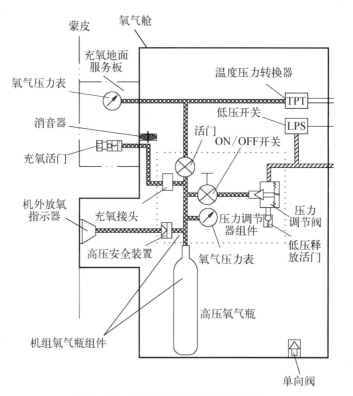

图 5-15　高压氧气系统区域防护设计

舱排气孔出口处的气流速度较大产生啸叫这两个问题,结合适航条款 CCAR-25.1309(a)验证工作,提出氧气舱增压及噪声抑制设计方案。

　　由于氧气舱内安装的成品件设备均由供应商按 DO-160D 要求的"温度部分地受控于加压密封的位置"提供,即 A2 类完成了温度和高度的考核试验,因此针对

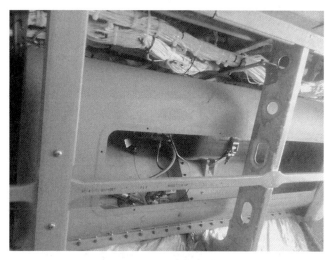

图 5-16　机上实施情况

这一情况,为了避免成品件更改带来的技术和进度风险,提出在密闭绝缘的氧气舱底板上开一个进气孔,并安装带橡胶垫的单向阀。飞机增压系统关闭时,单向阀利用自身重力关闭,并与壁板密封,确保氧气舱内的气流不会流入货舱三角区。在飞机座舱压力大于外界环境压力 11 mb(1 100 Pa)(地面预增压压力差值)的情况下,单向阀打开,货舱三角区内的空气流入氧气舱,给氧气舱内的设备提供增压的环境,同时通过地面充氧服务面板上的排气孔,将从货舱三角区内流入氧气舱的空气排到机外。为了减轻因高空飞行时氧气舱排气孔出口处的气流速度较大而产生啸叫的影响,排气孔内侧安装一个节流降压的消音器。单向阀和消音器由合肥江航飞机装备有限公司完成设计、制造和环境鉴定试验。

3) 基于仿真计算分析和飞行试验相结合的验证方法

针对氧气舱排气孔位于机身等直段前部的特点,通过一套循序渐进的基于CFD 计算分析和飞行试验相结合的验证方法,评估飞行条件下氧气舱排气功能对CCAR-25.869(c)(3)和 CCAR-25.1301(a)(4)的符合性。

(1) MATLAB 软件计算。

设计之初,为氧气舱的设计和强度计算提供输入,并初步表明氧气舱排气出口处的气流可以排出机外,使用了 MATLAB 软件对各个飞行高度上 ARJ21 飞机氧气舱内压力进行初步的分析和计算,如图 5-17 所示。选取 4 个飞行高度进行计算,分别是 10 000 ft(3 048 m)、25 000 ft(7 620 m)、35 000 ft(10 668 m)和 39 500 ft(12 040 m)。

MATLAB 软件计算通过前货舱三角区压力 p_1 和氧气舱排气出口处压力 p_3 来计算不同飞行状态下的氧气舱空气流量和压力。其中,p_1 根据压调系统的工作条件给定,p_3 假设等于远前方来流静压。计算结果初步表明氧气舱排气出口处的

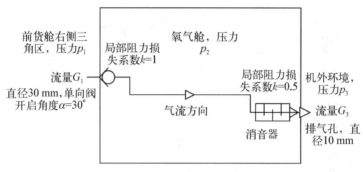

图 5-17 氧气舱压力计算

气流可以排出机外。

(2) CFD 软件计算。

在实际飞行过程中，飞机蒙皮表面各个位置的压力并不相同，并且随飞行状态改变。不同位置的压力变化规律和变化范围与该位置和飞行状态两者都有密切关系。为了较为准确地计算氧气舱的进气流量和排气流量，还采用了 CFD 方法，给出氧气舱排气出口处的压力随飞行高度、速度和攻角等飞行状态参数的变化规律和变化范围，以此评估氧气舱排气出口处的气流能否顺利排出机外。

计算数模采用 ARJ21-700 飞机翼身组合体巡航构型。氧气舱排气出口位置处于机翼前方较远位置，低速工况下可忽略增升构型打开对氧气舱排气出口位置蒙皮表面附近流场的影响，仍采用巡航构型进行 CFD 模拟。使用 ANSYS 12.0 ICEM-CFD 生成六面体空间网格，网格数 510 万。采用 CFX5 商业软件求解流场。使用隐式守恒的有限体积法离散 RANS 方程，方程离散使用了类似于 Barth 和 Jesperson 迎风格式的有界高分辨率对流格式。通过 Rhie 和 Chow 算法计算质量流，从而实现了压强和速度的耦合。动量方程中的雷诺应力通过 SST 两方程湍流模型和自动壁面函数来处理。采用 Raw 发展的耦合代数多重网格方法求解离散后的方程组，此方法的数值计算量与网格规模呈正比。通过时间步迭代求解定常问题，当达到用户定义的收敛水平后完成迭代过程。

氧气舱排气出口位置附近的空间流线如图 5-18 所示。

基于排气孔关闭状态的排气出口位置蒙皮表面静压，不同高度下部分典型飞行工况的 CFD 计算结果表明：

a. CFD 所有计算工况，氧气舱排气出口位置蒙皮表面的压强略小于来流静压。

b. 氧气舱排气出口位于机身侧下方，机头在该轴向方位沿轴向的面积变化并不剧烈，流速变化不大；经过部分机身等值段的流动恢复后，在氧气舱排气出口位置流速和压强恢复到和来流相当的水平。

c. 高、低速工况下，迎角对氧气舱排气出口位置蒙皮表面的压强影响较小。CFD 计算的典型飞行状态，在特定高度和马赫数下，虽然限定了迎角，但结果能够

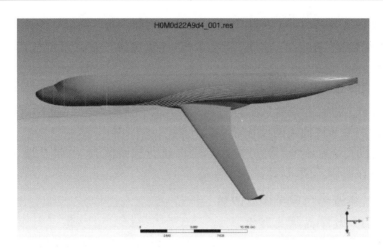

图 5 - 18　氧气舱排气出口位置附近的空间流线

代表一定的迎角范围。

综上所述,氧气舱排气出口关闭时,在所有计算状态下,排气出口位置蒙皮表面当地压强与来流压强差别不大,且明显低于同高度下前货舱三角区压强。从前货舱三角区压强和氧气舱排气出口关闭状态表面蒙皮静压的差量来衡量,氧气舱的气体能够顺利排出机外。

4) 氧气舱排气功能试飞验证

为了进一步验证氧气舱排气功能,ARJ21 - 700 飞机还进行了氧气舱排气功能试飞。通过对氧气舱加装一个量程(0~5 kPa),精度±0.25% FS 的差压传感器,在整个飞行过程中采集前货舱右侧三角区与氧气舱内消音器进口附近压差;并对 9 000 ft(12 743 m)飞行高度、以 0.5Ma 的速度巡航,25 000 ft(7 620 m)飞行高度、以 0.67Ma 的速度巡航,35 000 ft(10 668 m)飞行高度、以 0.78Ma 的速度巡航的三个高度下典型飞行工况进行考核,试飞曲线见图 5 - 19。

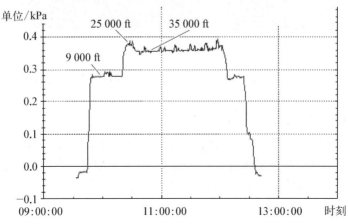

图 5 - 19　前货舱右侧三角区与氧气舱内消音器进口附近压差

通过飞行试验表明：在飞行过程中，前货舱右侧三角区与氧气舱排气孔附近存在压差，泄漏到氧气舱内的氧气将不会聚积，能通过排气孔正常排气，氧气舱的排气功能正常。

5.5.1.4　经验教训

（1）在机上进行布置安装设计时，应充分考虑相邻设备间的相互关系，应尽量避免相互影响会导致危险的设备安装在一起。

（2）飞机安全无小事，应防微杜渐，及时进行检查复查，及早发现、排除隐患。小问题往往在研制后期，会导致成大影响。

5.5.2　旅客氧气面罩抛放问题

5.5.2.1　故障描述及影响

根据旅客氧气系统审定试飞结果和 103 架机以及 104 架机旅客氧气面罩抛放功能故障排故情况表明（见图 5-20），103 架机和 104 架机的旅客氧气面罩抛放存在两类功能故障。

图 5-20　旅客氧气面罩抛放排故

（1）随机不抛放：在进行面罩抛放试验时，氧气面罩随机不抛放导致无法按要求全部抛放。

（2）误抛放：飞行过程中，氧气面罩误抛放。

103 架机旅客氧气系统审定试飞中，旅客氧气面罩门未能全部打开抛放面罩，不能满足判据要求。局方要求进行旅客氧气系统补充试飞。影响 103 架机高寒试飞期间进行寒冷气候条件下全机检查试飞、旅客氧气系统 90 座客舱布局 MOC5 试验。

5.5.2.2　故障定位

2013 年 11 月 14 日—15 日，上飞院、供应商 FACC/BE、上飞公司通过对机上

PSU 状况的检查、地面对 PSU 的检测和调试、故障讨论分析,认为随机不抛放和误抛放的原因如下。

(1) 整个 PSU 面板刚度不足,容易产生形变,这种形变会造成面罩门安装不平整,需提高对氧气面罩的包扎要求,从而降低抛放失效的概率。氧气面罩存储盒锁闩机构安装位置一侧刚度不足,在飞机振动情况下,锁闩机构会偏离原始安装位置(见图 5-21)。锁闩机构的释放杠杆与面板的间隙会因振动减小甚至相接触。在振动、面罩盒盖变形和 PSU 面板变形同时作用的情况下,锁闩机构可能会被触发作动,导致旅客氧气面罩误抛放。锁闩机构安装方式不妥——安装孔为 U 形孔,不利于安装定位,导致难以保证安装间隙要求,在飞机振动及加速运动的情况下,可能发生滑动,偏离安装位置。

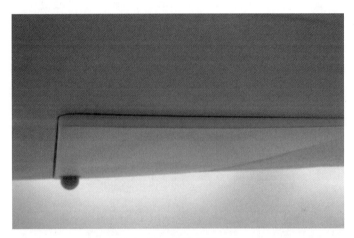

图 5-21　面罩门阶差大

(2) 锁闩机构的设计(见图 5-22)对锁闩机构安装和面罩门恢复操作要求高。在排故期间,供应商对 103 架机和 104 架机旅客氧气系统抛放不稳定进行排故。其

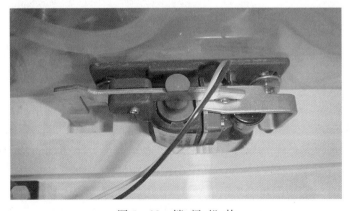

图 5-22　锁 闩 机 构

主要的排故手段是微量调整绝大多数锁闩机构的安装位置,保证面罩门上的锁芯具备一个合理的行程,以此来取得较好的抛放效果。根据故障情形显示,飞机的较大震动(着陆时)或面罩门恢复时的人为误操作会造成锁闩机构的位置变动,容易在抛放时由于锁芯卡阻,使得面罩门无法打开。另外氧气面罩门上有两个孔,一个孔用于手动抛放,一个孔用于抛放后恢复面罩门用。恢复面罩门时,使用手动抛放工具顶动银白色杆底端,一旦所用劲较小则容易导致黄色杆复位时与永磁铁的吸附差。电磁圈通电时,电磁力不足以推动黄色杆完全弹起,导致无法释放面罩门锁芯,打开面罩门。由于在恢复面罩门时需将手动抛放工具先顶入银白色杆底端,合上面罩门后再推动银白色杆底端动作,复位阀芯锁住面罩门,因此手动恢复时操作人员无法有效地确保锁闩机构是否恢复到位。

(3) 氧气面罩包扎存在问题。FACC/BE 工程师在对 PSU 进行检查时发现有多个 PSU 氧气面罩存在包扎问题,如氧气面罩倒置、氧气面罩横置、氧气面罩管路堆积。面罩包扎不当会对面罩门造成额外的压力,使得锁闩无法正常工作。旅客氧气面罩包扎如图 5-23 所示。

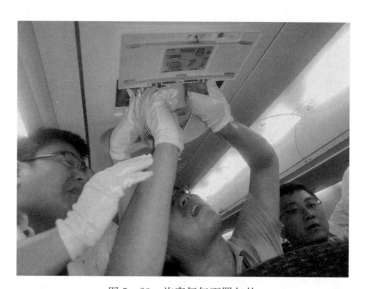

图 5-23　旅客氧气面罩包扎

5.5.2.3　解决措施

供应商就上述设计缺陷对 PSU 进行了设计优化和操作方法培训,主要包括:

(1) PSU 面板上增加加强筋,解决整个 PSU 面板刚度不足的问题。

(2) 优化面罩盒的结构设计,同时优化了面罩盒与 PSU 面板的装配形式,解决了面罩盒刚度不足导致锁闩会因飞机振动偏离的问题。

(3) 面罩盒上的锁闩机构安装孔由 U 形孔更改为圆形孔并在图纸上增加了安装尺寸,解决了锁闩机构装配定位和可能偏离原始安装位置的问题。

（4）制定了旅客氧气面罩安装/恢复程序,并组织培训。

5.5.2.4 解决结果

2013 年 11 月 26 日下午,完成优化后的 PSU 的换装。2013 年 11 月 27 日,连续 2 次抛放,所有位置的面罩门均打开良好。2013 年 11 月 28 日,进行旅客氧气系统 OATP,3 次抛放试验均合格通过。2013 年 12 月 12 日,再次进行了地面抛放检查,连续 2 次抛放,所有位置的面罩门均打开良好。2014 年 8 月 3 日顺利完成旅客氧气系统机上地面试验。旅客氧气面罩抛放试验如图 5-24 所示。

图 5-24　旅客氧气面罩抛放试验

5.5.2.5 经验教训

（1）成品件的设计主要由供应商来完成,成品件内各零组件的选型及安装布置信息难以比较详细地把握,一些设计缺陷往往在装机后才会暴露。对于我们目前的技术水平来说,成品件的技术细节应作为供应商管控的一项重点工作,变被动为主动。

（2）在该项问题排故过程中,存在供应商更改说明(DCN)不详细、更改信息未能及时反馈到相关设计专业的情况。供应商构型管理和文件管理还不够完善。

5.5.3 104 架机机组氧气系统管路泄漏问题

5.5.3.1 故障现象描述

在 ARJ21 飞机日常维护过程中,发现氧气系统存在较明显的泄露。2010 年 10 月 11 日—11 月 7 日,对氧气系统管路进行了反复的泄露检查、安装调整,并对氧气系统安装图纸及管路规范进行了复查。确定机组氧气系统 24 h 内氧气瓶内氧气压力下降 300 psi,且明显发现白天温度较高时氧气压力下降较慢;夜晚温度较低时氧气压力下降加剧。

5.5.3.2 故障原因分析

1) 低压氧气导管设计问题分析

ARJ21-700飞机氧气系统使用的低压氧气导管,其管套规范为 AS21922-5C,外套螺母规范为 AS21921-5W 或 AS21921-5D;与低压氧气导管连接的直通接头规范为 AS33514,其使用的导管连接方式为标准无扩口接头(即 SAEAS 无扩口接头,见图 5-25)。该无扩口接头组件由管套、外套螺母、直通接头三件组成。它曾广泛用于民用喷气式飞机和一些军用飞机上。

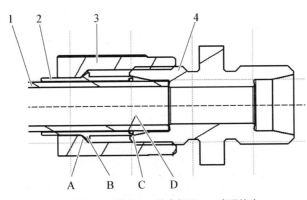

1—导管;2—管套;3—外套螺母;4—直通接头

图 5-25　24°SAEAS 无扩口接头连接

该无扩口接头的密封效应是靠拧紧外套螺母后,外套螺母内侧 45°锥面 A 挤压螺套上 35°锥面 B,使管套与直通接头锥面管套端面倒圆角处与直通接头 24°锥面 C 处线紧密接触而获得的。管套通过预装配装到管子上,在预装时管套的刃口压向导管并切入导管的外表面。预装时由于管套对导管的环切,可能使管外壁出现明显的凹进现象。预装后可以容许管套在导管上有少许转动,但沿轴向的活动量不能超过 1/64 in(0.4 mm)。为了能承受管套的卡紧力,管壁需要有足够的厚度。

管套与直通接头锥面的密封原理与国内广泛使用的密封原理基本一致,属于圆弧与锥面的线接触,密封性能好;但管套与导管之间的密封形式为外压式环切密封,其密封效应容易受到外力作用而破坏,相对国内环形槽密封效应稍差。由于小直径挤压式无扩口导管的直径小,因此导管与管套之间的有效受力面积小,所以导管与管套之间的连接强度比大直径挤压式无扩口导管连接强度差,导管安装过程中容易因扭紧力矩过大导致导管与管套之间出现松动而导致漏气。

国内 24°挤压式无扩口导管连接是当前较先进的管路连接形式之一。适用于压力至 21 MPa 的液压、燃油、滑油、氧气、高压空气等介质的输送管路系统,其技术性能比扩口导管连接件有较大提高,主要参数与 ISO 国际标准相一致,与国际上公制无扩口导管连接件能通用互换。这种新型结构与扩口式导管连接件不同,其密封效应是靠拧紧外套螺母,使管套和接头内锥面 A 点紧密接触而获得的。管套内腔有两道环形槽,预装时把管子挤到环形槽中,靠四条棱角咬合达到管子与管套间的可靠密封。同时,随着导管内部系统压力的增大,导管、管套和接头的密封面更加压紧,从而进一步增加密封性。导管密封连接如图 5-26 所示。

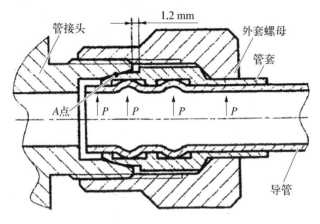

图 5-26 国内挤压式无扩口导管密封

2)低压氧气导管产品质量问题分析

对库房产品进行检查后,发现部分氧气导管存在以下质量问题。

(1)导管端头至管套的距离不一致,且裸露部分有轻微外扩的迹象,如图 5-27 所示。

图 5-27 导管接头质量问题

(2)直通接头两端制造尺寸不一致,用同样的导管试安装,一端能正常装配,而另一端阻力明显,进入长度短,如图 5-28 所示。

而上述这两种情况相互影响,接头的内径过小,导管裸露部分过长,导管端头

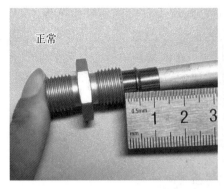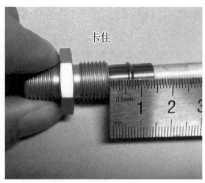

图 5 - 28　直通管接头质量问题

外扩均会造成预装配时导管和接头阻力过大,甚至会导致导管与接头无法处在正确的安装位置,从而导致在规定的拧紧力矩下,管套和接头无法得到充分的挤压密封,甚至管套和接头无法接触,即导管安装后管套仍可绕轴转动。上述情况均会导致管路密封性能降低。

3) 低压氧气导管安装问题分析

从工艺方面了解到,现场工人在安装导管的时候,直接将螺母连接到管接头上安装,加力矩到 130 lb · in[①](14.7 N · m),若有泄漏,则依次加到 140 lb · in、150 lb · in(15.8 N · m,16.9 N · m),甚至更大。虽然图纸要求拧紧力矩为 130～150 lb · in,但是实际操作过程中存在超力矩安装的情况。

按照供应商建议的安装操作程序以及 SAE AS 5148 安装规范,正确的安装程序如下所示。

(1) 使用 Krytox 240AZ Grade 1 润滑连接部位。

(2) 对齐轴线,徒手初步安装,拧几圈螺母。

(3) 用两个扳手分别固定接头和导管上的螺母,开始加力矩。

(4) 加力矩到 130 lb · in。

(5) 检查,若泄漏,则加力矩到 140 lb · in。

(6) 再检查,若泄漏,则拆下来重复(1)～(3)步。

(7) 加力矩到 140 lb · in。

(8) 检查,若泄漏,则加力矩到 150 lb · in 再检查,若泄漏,则考虑换零件重装,重新安装时加力矩到 140 lb · in,若加到 150 lb · in 时仍泄漏,则全部换新,从第(1)步重做。

对比现场工人实际的安装情况,可能有三个地方与推荐安装程序不同,应予以改进。

(1) 安装前应该先保证轴线对齐。

---

① 　lb · in:力矩单位,1 lb · in=0.11 N · m。

(2) 力矩从 130 lb·in 加到 140 lb·in 之后检查是否泄漏,如果泄漏,则应拆下重装;加到 140 lb·in 再次检查,若泄漏则加到 150 lb·in。即分段安装分段加力矩,而不是在一次安装有泄漏之后一直增加力矩。

(3) BE 和 SAE 的安装规范里明确提到,不能超力矩安装。超力矩不能解决泄漏问题,如果加到 150 lb·in 还有泄漏应拆下检查,零件可能存在制造问题。

结合问题一的成品件质量问题可以发现,当产品本身的尺寸出现制造偏差时,会影响导管和接头的正确密封,此时超加力矩安装只会损坏产品,并不能有效解决泄漏问题。

5.5.3.3 解决措施

(1) 在氧气管路安装前进行以下产品质量检查步骤。

a. 褪去螺母的情况下,将导管和管接头进行预装,若出现阻力明显过大,导管被接头卡住塞不进去的情况,则初步判断为导管或接头存在质量问题,应停止安装,并考虑退返。

b. 若相同导管与管接头的另一端能正常预装配,即管接头两端质量不一,则应退返管接头。

c. 若导管管套裸露部分有明显外扩现象,则应退返导管。

d. 若导管管套裸露部分长度过长(TBD),则应退返导管。

(2) 现场工人在安装低压氧气导管时,应注意改进以下三个方面。

a. 安装前应该先保证轴线对齐。

b. 力矩从 130 lb·in 加到 140 lb·in 之后检查是否泄漏,如果泄漏,则应拆下重装,加到 140 lb·in 再次检查,若泄漏则加到 150 lb·in。即分段安装分段加力矩,而不是在一次安装有泄漏之后一直加力矩。

c. BE 和 SAE 的安装规范里明确提到,不能超力矩安装,超力矩不能解决泄漏问题,加到 150 lb·in 还有泄漏的话应拆下检查,零件可能有问题。

(3) 开展低压氧气管路管套优化工作,将 AS21922 管套更改为挤压式无扩口管套,从根本上解决导管质量不稳定、气密性差和安装工艺要求高的难题。

5.5.3.4 经验教训

鉴于以上情况,提出下列建议:加强供应商成品件入库验收管理,严格依据有效图纸,进行入库验收;加强对工厂安装人员的培训,强调安装人员应严格按照图纸和相关技术规范进行操作,发现异常及时和设计人员沟通。

5.6 技术管理工作

ARJ21 项目的国外供应商,均是具有技术积淀及机型经验的供应商,而且其在项目管理方面比较成熟,因此在早期的交流过程中,往往以供应商为主导。可以说,在产品交付组装厂和 OATP 之前,大多数设计人员对系统成品的认识仅停留在纸面上,产品的功能、性能、工作均不明确。在设计初期,以把握系统总体构架和功能为主,在和供应商交流、协调过程中,尽力了解系统及产品的细节,并参照其他机型资料及工业标准来把握系统研发的方向和进程。

在产品交付后,尤其是装机进行功能试验、验证试验过程中,结合系统规范、ICD、产品规范、FMEA 以及产品图样等文件,深入了解系统和产品的细节。回过头来,对供应商交付的文件进行新一轮的消化和评阅,查缺补漏,使设计工作趋于成熟,自身技术强了,能和供应商基本站在一个高度的交流平台上,通过有理有据地与供应商交流,进而管控好供应商。另外,与供应商交流,我方人员要更讲信用,应尽力严格按双方达成的一致意见(尤其是行动项目及节点)进行工作。在工作进程中,遇到问题要及时沟通协商。

5.7 相似机型系统设计示例

5.7.1 CRJ-200 飞机

5.7.1.1 概述

CRJ-200 飞机是一架 50 座双发涡扇支线飞机。氧气系统由机组氧气系统、旅客氧气系统及便携式氧气设备组成。

机组氧气系统采用固定式高压气氧系统,由一个固定的氧气瓶为正、副驾驶员和观察员提供氧气。氧气瓶位于飞机驾驶舱右侧地板下。

旅客氧气系统采用化学氧系统,在飞机座舱高度超过 14 000 ft(4 267 m)时自动工作。化学氧气发生器供给机上旅客和服务员用氧。必要时机组人员也可在驾驶舱手动操作旅客氧气系统工作。

便携式氧气设备供机上空勤人员排烟灭火时使用,保护其不受烟雾伤害,并在座舱失压时供空中服务员应急机动用氧或旅客医疗需要用氧。

5.7.1.2 机组氧气系统

CRJ-200 机组氧气系统是一套稀释耗氧型气态氧系统,由氧气瓶组件、压力传感器/调节器、机外释压指示器、面罩箱、面罩、氧气软管组件、地面氧气服务板等组成。工作原理如图 5-29 所示。

安装在驾驶舱地板下的氧气瓶组件包括:工作压力为 1 850 psig(12 755 kPa)、容积为 50 ft³(1.42 m³)的高压氧气瓶,带操纵旋钮的慢开式氧气开关,氧气压力表和释压安全活门。如果瓶内压力超过 2 775 psi(19 133 kPa),则释压活门释放瓶内压力。机外释压指示器是一个镶嵌在机身蒙皮孔上的绿色脆性材料圆盘,通过氧气超压管与氧气瓶组件上的释压活门连接。脆性圆盘处的压力超过 500 psi(3 447 kPa)时,圆盘破碎,气体排出机外,显示机组氧气系统氧源故障。

压力传感器/调节器通过导管与氧气瓶组件、地面氧气服务板以及机组供氧管路相连。它是一个电动机械式传感器和减压器,包括一个电子式压力传感器、一个压力调节器(减压器)和一个释压活门。在机上正常使用过程中,机组氧气瓶开关是一直打开的。未经减压的氧气瓶内高压氧气通过压力传感器/调节器的减压变

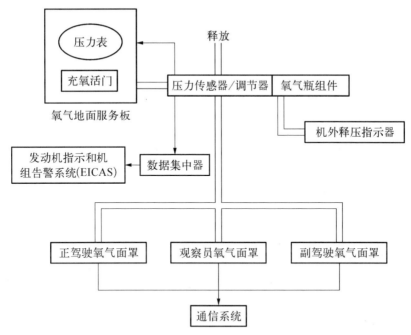

图 5-29 CRJ-200 飞机机组氧气系统工作原理

为 78～86 psi(538～593 kPa)低压氧气,然后通过低压管路输送到机组氧气面罩储藏箱。如果调节器出口压力超过 109～116 psi(752～820 kPa),则调节器的释压活门打开释压。压力传感器/调节器的电子传感器监测来自氧气瓶的输入压力并把数据提供给数据集中器和地面氧气服务板上的压力表。数据集中器把数据传给发动机指示和机组告警系统(EICAS),并在此显示器上显示。

机组氧气系统的 3 个面罩分别安装在 3 个面罩箱内。每个面罩有供氧软管、充气头带、送话器和带有下列附件的调节器:分为 N 和 100%("正常"和纯氧)两档的操纵手柄,分为"PRESS TO TEST"和"EMERGENCE"("按压-试验"和"应急")两档的流量控制旋钮和头带充气开关。当操纵手柄在 N 位置时,面罩供给氧-空气混合气,氧浓度将随高度变化而变化。而在 100%位置时,面罩供给 100%的纯氧,但当座舱高度超过 30 000 ft(9 144 m)时,两种状态均提供 100%纯氧。转动流量控制旋钮将提供恒定流量的纯氧,并可调节供氧压力,而按下时可试验面罩是否可以连续供氧。

机组面罩箱是一个两扇箱门可快速打开并装有连接供氧管路与面罩供氧软管的接头和通话电气插头的金属箱体。箱上还有流量指示器和试验开关。当面罩存放在面罩箱内时,操作者可以按压箱上试验开关试验是否有氧气供到面罩。

机组氧气系统的氧气补充采用地面充氧的方法,通过安装在机头下方的氧气地面服务板上的充氧活门向机上氧气瓶补氧。

5.7.1.3　旅客氧气系统

CRJ - 200 飞机的旅客氧气系统采用化学氧系统,由化学氧气发生器、面罩组件(包括连续式供氧面罩、流量指示器和输氧软管)和面罩抛放系统组成。每个独立的化学氧气发生器及面罩组件安装在每个旅客座椅上方旅客服务装置的面罩箱内。在旅客舱右侧,每个面罩箱内安装 3 个面罩,而在左侧以及空中服务员部位和盥洗室内的面罩箱内则装有 2 个面罩。面罩自动抛放系统由高度电门、面罩箱门锁闩机构、氧气灯式开关和相关控制与指示线路组成。

在正常情况下面罩箱门是关闭的,当座舱高度超过 14 000 ft(4 267 m)时,高度电门接通,输出电流到面罩箱门锁闩机构,锁闩机构在电磁力作动下打开面罩箱门。当面罩箱打开时,全部氧气面罩抛下,并自动送到座椅上的旅客面部前上方。旅客只要向面部拉动面罩并佩戴到口鼻上,拉火索便触发氧气发生器点火销工作,产生氧气,可持续向旅客提供 12 min 的供氧。

假如旅客氧气系统没有自动启动工作或者是机组人员决定手动操纵旅客氧气系统工作,可按下氧气灯式开关,启动抛放系统工作。氧气灯式开关除了供手动操纵面罩自动抛放系统工作外,在旅客氧气系统工作时还会发亮并为 EICAS 提供显示信号。

5.7.1.4　便携式氧气设备

CRJ - 200 飞机的便携式氧气设备包括两个防护呼吸装置和 3 个便携式氧气装置。

防护呼吸装置是带有氧气再生系统的防烟帽套,供空勤人员在空中排烟灭火时使用,防止空勤人员受到烟雾伤害。每个防护呼吸装置都放在一个真空密封袋中,密封袋存放在一个坚固的储藏箱内。防护呼吸装置不需要维护,只需 10 年更换一次。此装置包括防烟帽套、拉火索、过氧化钾化学发生器、点火销、口鼻面罩和发音膜片。使用人员带上防烟帽套,拉动拉火索,拉火索便触动点火销,起动发生器内化学反应,持续 20 min 或 15 min,氧气通过口鼻面罩供给使用人员。使用人员利用发音膜片用麦克风或扩音器,与旅客说话。

便携式氧气装置包括一个便携式氧气瓶和两个与其配合使用的便携式面罩。

便携式氧气瓶是高压气态氧气瓶,瓶内充压 1 800 psi(12 410 kPa)时,氧气容量为 11.1 ft^3(0.31 m^3)。瓶上装有操纵旋钮和减压活门,指示瓶内压力的压力表和两个出口流量分别为 2 L/min 和 4 L/min 连续流量调节器出口。便携式氧气面罩是可任意使用、连续供氧的面罩。手提式氧气装置在座舱压力急降时可以供空中服务员在旅客舱内自由行走使用。在紧急救护时也可供旅客医疗使用。

5.7.1.5　系统设计特点

CRJ - 200 飞机飞行机组和旅客分别采用不同形式的供氧系统。驾驶舱采用常规高压气态氧气系统,具有供氧时间长和可间断使用的特点,以保证空勤机组的正常工作能力,确保飞行安全。高压气氧系统的缺点是构造复杂、重量大、维护要求高且具有一定的危险性,但至今仍为机组氧气系统广泛采用。

旅客舱采用的固态化学氧气系统是一种新型氧气装置。由于这种系统具有下列特点,因此在现代旅客机旅客氧气系统中得到广泛应用。

(1) 安全可靠性。固态氧气发生器储存、运输和使用均较气态氧和液态氧安全。它不需要高压容器储藏也不需要像液氧那样低温,没有由于管路安装而带来的泄漏等问题。目前固态氧气发生器可靠性已经达到很高的水平。

(2) 维护性。固态氧气发生器基本不需要维护,平时只需很少工作量的定期检查和到期更换便可。

(3) 固态氧气装置安装方便、重量轻、使用方便。

(4) 固态氧气装置的缺点是反应过程中产生高温,壳体温度很高,除要求有一定绝热措施外还要做出必要的警告标记;另外这种氧气装置的产氧过程不能控制,只可一次性使用而不能间断使用。

5.7.2 空客 A320 飞机

5.7.2.1 概述

空客 A320 系列飞机是欧洲空中客车工业公司研制生产的单通道双发中短程 150 座级客机。A320 系列飞机氧气系统配置由 3 套彼此独立的氧气系统组成:机组氧气系统、旅客氧气系统和便携式氧气装置。每个子系统都有自己的控制器和指示装置。

机组氧气系统采用固定式高压气态氧气系统,旅客氧气系统采用化学氧或高压气态氧系统,便携式氧气装置采用手提式应急供氧设备。

5.7.2.2 机组氧气系统

图 5-30 所示为 A320 飞机机组氧气系统原理,图 5-31 所示为 A320 飞机机组氧气系统电气原理。

机组氧气系统是稀释耗氧型高压气态氧系统,氧气储藏在机组氧气瓶内,高压氧气瓶由复合材料组成,压力为 1 850 psig(12 755 kPa),容积为 77 ft³(2.18 m)。氧气瓶组件包含有减压调节器、压力表、人工关断活门、安全活门和充氧接头。

氧气瓶组件的关断开关在打开位置时,高压氧气经调节器调节压力后,经过低压供给活门及分配总管后,由低压管路分别输送到驾驶舱机组人员的面罩内;低压供给活门是一个电磁阀,由主汇流条 801PP 提供 28 V 直流电,飞行机组可通过驾驶舱内控制面板(21VU)上的按钮(见图 5-32)控制活门的开启和关闭;按下按钮,活门处于打开状态,"OFF"指示灯熄灭;松开按钮,活门关闭,此时"OFF"指示灯发亮。

氧气瓶内的压力可以通过瓶体自带的压力表直接观察到,此外,与氧气瓶连接的压力传感器可以将氧气瓶内压力的电信号直接传输到驾驶舱内的 ECAM 系统,

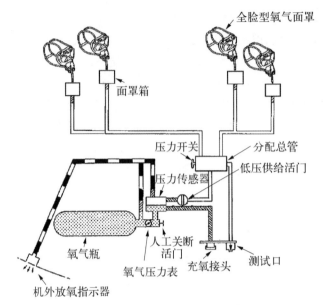

图 5-30　A320 飞机机组氧气系统原理

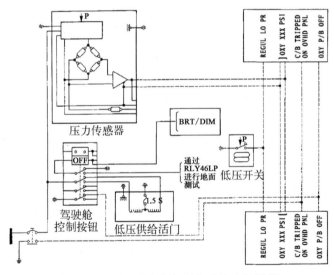

图 5-31　A320 飞机机组氧气系统电气原理

在 DOOR/OXY 页面上显示氧气瓶内的压力；与低压分配总管相连接的低压开关可以监控低压端的氧气压力，当压力减小到 (50 ± 5) psig 时，低压开关会将告警信号传输到 ECAM 系统。

氧气瓶组件的减压调节器上分别有高压安全活门和低压安全活门两个释压保护装置，以防止超压。当氧气瓶内压力高于 2 775 psig(19 133 kPa)时，高压安全活门内的易破盘破裂，氧气通过机外放氧指示器排出机外；当低压端压力超过

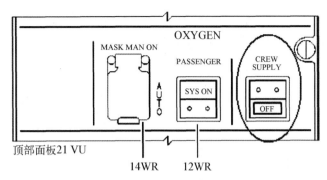

图 5-32　A320 飞机机组氧气系统控制面板

175 psig(1 207 kPa)时,低压安全活门打开,氧气也通过机外放氧指示器向机外放氧,释放低压管路内的氧气。与分配总管连接的测试口用于进行压力试验及管路泄漏测试,最大使用压力为 145 psig(1 000 kPa)。

每个驾驶舱机组人员各配备一个全脸型氧气面罩,储存在专用的面罩箱内,分别安装在与每个飞行机组邻近的位置上;当机组人员呼吸时氧气流入面罩。面罩上的调节器可以让使用者设置氧气到正常、100%和应急模式。面罩箱上的流量指示器显示氧气流入面罩;机组氧气面罩箱内部配备有一个压力开关,当机组人员拿取氧气面罩时可自动切换到面罩麦克风通话,同时悬臂式话筒的功能被抑制。如自动切换功能失效,则可用手动方式实现;具有充气功能的头带可以把面罩固定在使用者的头部。

5.7.2.3　旅客氧气系统

图 5-33 所示为 A320 飞机旅客氧气系统控制原理。

A320 飞机旅客氧气系统采用化学氧系统,由化学氧发生器、旅客氧气面罩及连接软管、高度压力开关及抛放控制电路等组成。

旅客氧气系统控制分为自动抛放和手动抛放两种控制方式。

当座舱高度达到 $14\,000^{+0}_{-500}$ ft($4\,267^{+0}_{-150}$ m)时,高度压力开关将关闭,自动接通旅客氧气系统电路促使面罩箱锁闩机构工作,使全部氧气储藏盒打开,全部面罩抛放。如果高度压力开关失效,则可以通过手动操作驾驶舱顶部面板上的旅客氧气面罩抛放开关(见图 5-33)抛放氧气面罩。操作旅客氧气系统维护面板上的旅客氧气系统复位开关(13WR)可复位自动抛放系统(见图 5-34)。

旅客氧气系统控制面板[见图 5-34(a)]包括旅客氧气面罩抛放开关和旅客氧气面罩抛放指示灯。旅客氧气面罩抛放开关带红色保护盖,用来手动抛放旅客氧气面罩,按下开关后,抛放指示灯"SYS ON"发亮;旅客氧气系统复位开关布置在旅客氧气系统维护面板[见图 5-34(b)]上,按下瞬通开关,白色指示灯"ON"发亮,放手后自动熄灭,自动抛放系统复位,指示灯"FAULT"亮,表示系统继电器有故障。

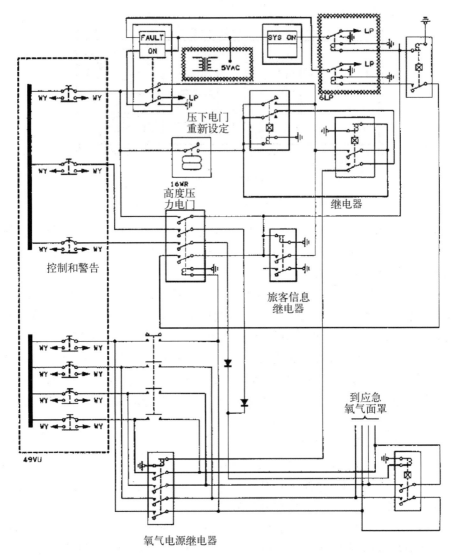

图 5-33 A320 飞机旅客氧气系统控制原理

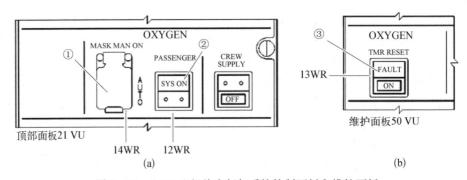

(a)   (b)

图 5-34 A320 飞机旅客氧气系统控制面板和维护面板

5.7.3 波音 B737 飞机

5.7.3.1 概述

波音 B737 系列飞机是美国波音公司研制生产的单通道双发中短程 150 座级客机。B737 系列飞机氧气系统配置由三套彼此独立的氧气系统组成：机组气态高压氧气系统、旅客用化学产氧的氧气系统和携带式应急用氧装置。每个子系统都有自己的控制器和指示装置。

5.7.3.2 机组氧气系统

机组氧气系统(见图 5-35)由高压氧气瓶为驾驶舱机组人员供氧，提供肺式、稀释和防护用氧。该系统包括高压氧气瓶组件、减压器、压力传感器、压力指示器、充氧活门(选装)、分配管路和全脸型供氧面罩组件等。其工作原理如图 5-35 所示。

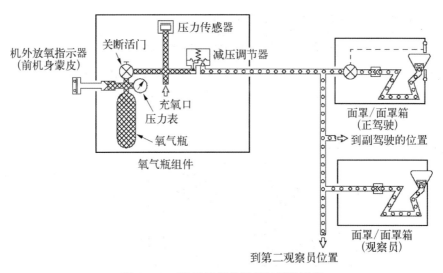

图 5-35 B737 飞机机组氧气系统原理

氧气储存在高压氧气瓶内，氧气瓶上配有减压调节器、压力表、压力传感器、关断活门、安全活门；氧气瓶的容积有两种规格，76 ft³(2.15 m³)或 115 ft³(3.26 m³)。高压氧气经减压调节器调节压力后，通过低压管路分别输送到驾驶舱机组人员的面罩内。

每个驾驶舱飞行机组人员各配备一个全脸型氧气面罩，储存在专用的面罩箱内，分别安装在与每个飞行机组人员邻近的位置上；呼吸时氧气流入面罩，面罩上的调节器可以设置不同的供氧模式：正常(混合氧)、100% 纯氧和应急加压供氧。面罩箱上的流量指示器可以显示是否有氧气流入面罩。

氧气瓶上的机械式压力表用来指示氧气瓶内的压力。氧气瓶上的压力传感器通过管路给安装在驾驶舱后顶板上的压力指示器提供信号，用来为飞行机组提供氧气瓶压力的指示(见图 5-36)。压力指示器内部装有一组蓄电池,提供 28 V 的直流电,在温度为 21℃时,正常的氧气瓶工作压力为 1 850 psig(12 755 kPa)。同时,压力传感器还为充氧板上安装的同样的压力指示器提供氧气瓶压力的信号(见图 5-37)。压力传感器是一个固态的电器装置,通过水晶电子压力计将感受到的压力变化转换为可行的电信号。

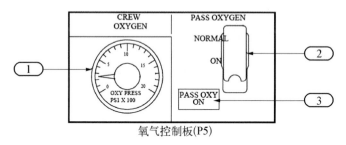

氧气控制板(P5)

1—机组氧气压力指示:指示机组氧气瓶压力。

2—乘客氧气(PASS OXYGEN)开关:NORMAL(保护位)——如果座舱高度升至 14 000 ft(4 267 m),则乘客面罩脱落并且乘客氧气系统自动起用;ON(接通)——自动功能失效时,启用系统并脱落面罩。

3—乘客氧气接通灯:启亮(琥珀色)——乘客氧气系统正在工作并且面罩已脱落。

图 5-36 B737 飞机氧气系统控制面板

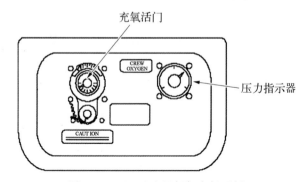

图 5-37 B737 飞机氧气充氧面板

氧气瓶组件的减压调节器上设有压力释放装置以防止超压,当瓶内压力高于 2 600 psig(17 926 kPa)时,高压安全活门内的易破盘破裂,氧气通过机外放氧指示器排出机外。

5.7.3.3 旅客氧气系统

B737 飞机旅客氧气系统是利用化学氧气发生器产生氧气,通过供氧软管进入旅客氧气面罩。

旅客氧气面罩的抛放方式有两种:

(1) 通过机组操作氧气控制板上的乘客氧气开关手动抛放。

(2) 通过高度压力开关[座舱高度 14 000 ft(4 267 m)]自动抛放。

如图 5-38 所示,当座舱高度达到 14 000 ft(4 267 m)时,高度压力开关将自动接通旅客氧气系统电路促使面罩箱锁闩机构工作,使全部氧气储藏盒打开,全部面罩抛放。如果高度压力开关失效,则机组人员也可以通过手动操作驾驶舱氧气控制板(P5)上的乘客氧气开关抛放氧气面罩。当旅客面罩抛放时,氧气控制板(P5)上的"PASS OXY ON"灯会发亮。

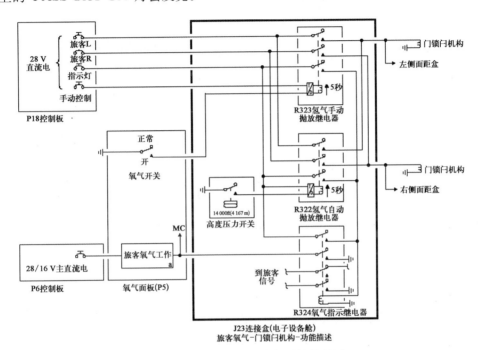

图 5-38　B737 飞机旅客氧气系统控制原理

5.7.4　波音 B787 飞机

5.7.4.1　概述

波音 B787 系列飞机是美国波音公司最新研制生产的单通道双发中长程 200 座级客机。B787 系列飞机氧气系统配置由 3 套彼此独立的氧气系统组成:机组气态高压氧气系统、旅客分体式高压气氧系统和携带式应急用氧装置。

5.7.4.2　机组氧气系统

机组氧气系统由高压氧气瓶供氧,为驾驶舱机组人员提供肺式、稀释和防护用氧。该系统包括 2 个高压氧气瓶组件、温度压力传感器、氧气压力表、充氧活门(选装)、分配总管及管路和带调节器的全脸型供氧面罩等。

机组氧气系统原理如图 5-39 所示,氧气储存在高压氧气瓶内,氧气瓶上配有带开关的减压调节器、压力表、安全活门,容积为 115 ft^3(3.26 m^3)。高压氧气经减压调节器调节压力后,通过分配总管及低压管路分别输送到驾驶舱机组人员的面罩内。分配总管上设有 3 个关断活门,可切断当中发生泄漏的管路。

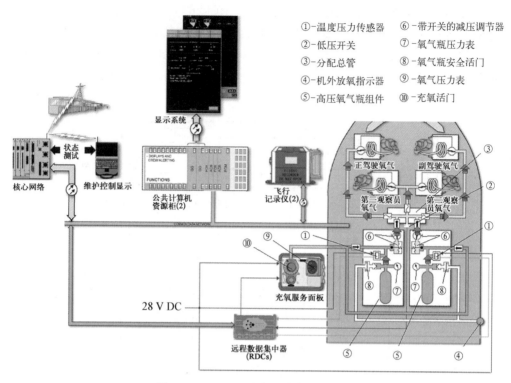

①-温度压力传感器 **⑥-带开关的减压调节器**
②-低压开关 **⑦-氧气瓶压力表**
③-分配总管 **⑧-氧气瓶安全活门**
④-机外放氧指示器 **⑨-氧气压力表**
⑤-高压氧气瓶组件 **⑩-充氧活门**

图 5-39 B787 飞机机组氧气系统原理

　　每个驾驶舱飞行机组人员各配备一个全脸型供氧面罩,储存在专用的氧气面罩箱内,分别在与每个飞行机组人员邻近的位置旁安装,呼吸时氧气流入面罩。面罩上的调节器可以设置不同的供氧模式:正常(混合氧)、100%纯氧和应急加压供氧。面罩箱上的流量指示器可以为使用者提供指示。

　　氧气瓶上的机械式压力表用来指示氧气瓶内的压力。与氧气瓶连接的温度压力传感器可随时监控氧气瓶内压力,并将数据通过远程数据集中器(RDCs)传输给客舱核心系统(CCS)进行计算处理,在发动机指示和机组告警系统(EICAS)及状态页面上显示氧气系统的状态及告警信息。同时,RDCs 还为充氧板上安装的氧气压力表提供氧气瓶压力的信号。低压开关用于监测低压管路中的氧气压力,当氧气瓶内的残余氧量不足或管路中的压力低于设定值时,在 EICAS 上将显示告警信息。

　　氧气瓶组件的减压调节器上设有安全活门以防止超压,当瓶内压力高于 2 600 psig(17 926 kPa)时,高压安全活门内的易破盘破裂,氧气通过机外放氧指示器排出机外。

5.7.4.3 旅客氧气系统

　　B787 飞机旅客氧气系统采用分散式高压气氧系统,每个旅客服务装置上安装一套供氧设备,包括高压氧气瓶组件、旅客氧气面罩及连接软管等,由综合氧气控制器控制供氧。氧气控制器主要由控制电路板、低压监控、控制活门及呼吸传感器组成。图 5-40 为 B787 飞机旅客氧气系统控制原理。

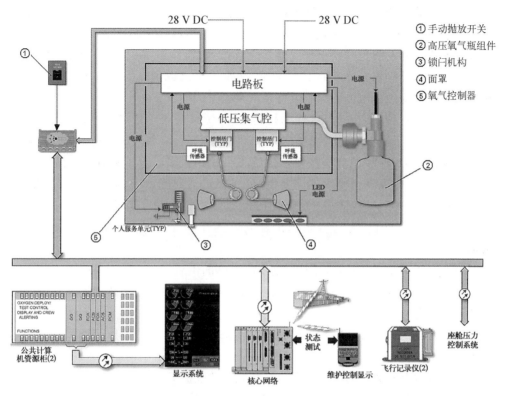

图 5-40　B787 飞机旅客氧气系统

旅客氧气系统的控制分为自动和手动两种方式。

当座舱高度达到 14 500 ft(4 420 m)时,CCS 系统自动将信号传输给氧气控制器,控制器的控制电路板控制面罩箱的锁闩机构工作,使全部氧气储藏盒打开,全部面罩抛放。同时,控制电路板为氧气瓶组件上的启动器发出信号,当使用者首次呼吸时启动器被激活。呼吸传感器用于监测旅客的呼吸,当旅客吸气时,呼吸传感器可将感应到的吸气信号传输给氧气控制器,通过控制器的逻辑计算将所需的供氧量传输给控制活门,再输送到面罩供旅客使用。

如果自动模式失效,则可以通过手动操作驾驶舱顶部面板上的旅客氧气面罩抛放开关为氧气控制器提供信号,抛放氧气面罩并提供呼吸用氧。

所有旅客服务单元(PSU)上都有一个绿色的 LED 指示器,当面罩内有氧气供给时,指示器会提供流量指示。此外还有一个专门的 LED 指示器用于机上自检测(BIT)。

CCS 系统可监控氧气控制器的工作,并将监控结果传送到"HEAD DOWN"显示器,旅客氧气系统的状态信息会在 EICAS 和维护页面上显示。

5.8 系统新技术和未来技术

飞机机载系统和附件的发展依赖于科学技术的进步。随着航空工业的迅猛发展,氧气系统作为一门独立的学科和专业也在不断地取得突破,飞机机上制氧技术和设备的出现和发展也归因于现代科学的新技术、新材料、新工艺的发展。目前国内外机载分子筛制氧技术正在日趋完善,在军机上已得到广泛的应用。在民用飞机氧气系统上应用机载分子筛制氧将是未来必然的发展方向。

分子筛是一种多微孔、有极性的材料,气体流经分子筛的微孔时,氧分子很容易通过,而氮分子被吸附,使含氧浓度很高即"富氧"气体(氧气纯度可达95%)从分子筛床流出,再经呼吸调节器按要求供给飞行机组人员。分子筛制氧系统可满足飞机长时间、远距离飞行供氧的需要,保证飞机灵活起降,具有全包线的高空供氧能力,具有最低的后勤保障要求,基本上不用日常维护;分子筛本身是一种无二次污染且可再生的材料,更适合未来机种需要。其主要特点概括起来有以下几个方面。

(1)供氧时间不受限制,并可满足不同高度的供氧需求。

(2)安全性好,由于在机上和地面都取消了储存氧源,从而减少了来自氧气着火或爆炸的危险性。

(3)后勤保障方面,不再需要机场储存和运输氧气,取消了地面维护设备及相应的费用。

(4)基本上取消了高压气氧系统必要的日常维护工作。

分子筛制氧系统是从发动机引气或从环控系统中引气而分离出氧气的系统。图5-41是一种典型的二床分子筛机上制氧系统,从飞机发动机引入的压缩空气,通过空气过滤器和调压器调整压力后,进入以一定速度旋转的旋转阀,由旋转阀控制两个分子筛床进行交替工作。当空气通过分子筛床1时,由于分子筛的吸附作用,氮气、二氧化碳以及有机污物和水汽被吸附,而氧气则顺利通过分子筛床1。所产氧气的一部分经单向活门流入贮氧瓶,汇集成高浓度的氧气;与此同时,另一部分氧气流经定径孔进入分子筛床2,对其进行反响冲洗,排出高浓度氮气,以便该分子筛床再生。由旋转阀使得空气进入分子筛床2,让分子筛床2进行工作,原理和分子筛床1一样,这时是分子筛床2进行吸附制氧,分子筛床1解吸再生的工作周

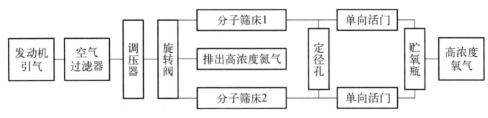

图5-41 二床分子筛机上制氧原理

期。系统配有低压活门和调节器以及氧气监测设备。分子筛制氧系统需要有备用氧源作为对分子筛床按周期工作原理产生的产品气的一种补充，并且在座舱失压时提供 100％氧气。

分子筛产氧系统主要由以下各项组成：

（1）从环境控制系统来的已冷却和干燥的引气。

（2）空气过滤器。

（3）空气调压器。

（4）带过滤器的氧气浓缩器（分子筛罐）。

（5）氧气调节器。

（6）氧气压力监控器。

机载分子筛制氧系统经过国内外几十年的研究与发展，已取得了可观的成果，并在军机上进行了实际应用，但在民用飞机上的使用还处于研究阶段。国内外研究学者正致力于将该系统应用于民用飞机。同时，研究者还在不断地对系统现有技术进行改进和完善，主要从两方面着手：一是探索同心圆形分子筛床，从而使机载分子筛制氧系统小型化，重量减少 30％；二是设计寻找既能产生较高氧浓度的呼吸气，又能给系统中备用氧源充氧的分子筛，以彻底摆脱飞机对地面充氧的依赖。

6 气源系统

6.1 系统简介

气源系统根据需要确定系统从发动机、APU 或地面高压气源引气,并将来自发动机的引气调温、调压后按需要供给空调系统、机翼防冰系统或用于发动机起动,可通过交输引气活门控制左、右侧发动机交输供气状态。气源系统由中压单向活门(IPCV)、高压活门(HPV)、压力调节关断活门(PRSOV)、风扇空气活门(FAV)、预冷器(PCE)、引气温度传感器(BTS)、交输引气活门(CBV)、APU 单向活门(APUCKV)、高压地面接头(HPGC)及导管和支架组成。系统原理如图 6-1 所示。

气源系统功能主要包括以下几个方面:

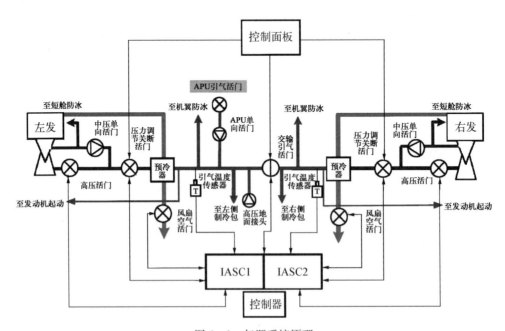

图 6-1 气源系统原理

1) 发动机引气转换

当发动机作为供气来源时,气源系统引气来自发动机中压级或者高压级。引气端口的选择由综合空气系统控制器(IASC)控制,综合空气系统控制器根据关联用气系统的压力值以及引气源数量、防冰系统与环控系统(ECS)的不同组合,通过位于预冷器下游和流量控制活门入口之间的组件入口压力传感器的检测值与不同状态的设定值的比较来进行高低压状态转换,其参数设定应尽可能使系统处于发动机中压级引气状态,以使系统代偿损失最小。

发动机引气口的转换是通过位于压气机高压级出口的高压活门来实现的,当位于预冷器下游和流量控制活门入口之间的组件入口压力传感器所感受到的压力不满足设定值时,综合空气系统控制器指令高压活门打开,系统由高压级供气。此时来自高压级的气流使中压单向活门处于关闭位置。当全权数字式发动机控制装置(FADEC)感受发动机中压级出口压力足够高,能满足气源系统需求时,综合空气系统控制器控制高压活门关闭,发动机中压级气流使中压单向活门自动打开,系统转由发动机中压级引气。

2) 发动机引气压力调节与引气关断控制

为了降低系统重量,减少气源系统性能代偿损失,必须限制关联用气系统的引气压力,此功能和引气关断功能的实现是通过位于中压单向活门与高压活门下游总管路上的压力调节关断活门来实现的,综合空气系统控制器根据系统需求调节压力、调节关断活门的开度,使其出口压力与关联用气系统的入口压力相匹配。当发动机引气压力低于设定值时,活门全开会使得通过活门的压力损失最小。

引气压力的调节是通过监控预冷器下游的组件入口压力传感器的测量压力实现的,当压力传感器感受到的压力超出规定范围时,就将有"CAUTION"信息显示,驾驶员可选择手动关闭发动机引气。

当发动机关闭引气时,压力调节关断活门和高压活门会被相应关闭,引气关闭可通过自动控制或者通过引气控制面板手动控制。当发动机停止运转后,综合空气系统控制器会控制相应侧的压力调节关断活门关闭。

3) 发动机引气温度控制及超、低温保护

来自发动机中、高级的引气温度较高,为保证下游用气系统的安全,减轻系统附件及管路重量,必须对发动机引气温度进行预调节。此功能是通过位于压力调节关断活门下游的预冷器、引气温度传感器和风扇空气活门来实现的。综合空气系统控制器通过引气温度传感器反馈的温度信息调节风扇空气活门的开度,使在防冰系统不工作时,预冷器出口的气流温度控制在200℃;当防冰、空调系统同时工作时,出口温度控制在225℃。

引气温度的监控与保护功能是通过位于预冷器下游的引气温度传感器来实现的,当引气温度传感器测量温度超过260℃且持续30 s或测量温度超过280℃且持续 1 s 时,综合空气系统控制器将自动关断相应的发动机引气,同时发出"CAUTION"告警信息。

4) 发动机起动

用于发动机起动的供气可选择来自 APU 的引气、高压地面气源供气或处于工作状态的发动机引气,通过向发动机的起动器供气以达到运转发动机的功能。

ARJ21 飞机发动机起动系统具有自动和手动两种控制模式,在自动控制模式,综合空气系统控制器会自动关闭相应发动机的引气,打开交输引气活门完成发动机的起动。在手动控制模式,驾驶员则是通过引气操作控制面板上的选择开关来完成的,通过控制面板打开交输引气活门,选择供气源。高压地面气源被用作发动机起动气源时,只能在手动模式下完成。

在自动和手动模式下,发动机起动过程中空调系统及其他用气系统均不工作,且被起动的发动机引气处于关闭位置(通过关闭压力调节关断活门),以便减少发动机的起动时间。

5) 引气隔断

ARJ21 飞机气源系统设有一个交输引气活门,主要用于连接和隔断发动机左、右侧引气。交输引气活门可由综合空气系统控制器自动控制或者通过引气控制面板手动控制。

在自动控制模式下,综合空气系统控制器根据系统需求(APU 引气、发动机起动、隔离单侧引气泄漏等)控制关闭或者打开交输引气活门。

在手动控制模式下,通过引气面板上的交输引气活门旋钮手动控制活门的开关。

6) 系统监控和显示

(1) 通过观察 ECS 简图页中引气流动变化、引气压力和活门位置来监控引气系统是否工作正常。

(2) 气源系统故障时,引气按钮"FAIL"琥珀色灯亮。

(3) 气源系统故障或人为误操作时,在发动机指示和机组告警系统(EICAS)中显示告警信息。

(4) 引气活门控制的构型变化的信息,以及气源系统故障时的信息将自动输入到中央维护系统(CMS)。

6.2　专业研制文件依据

1) 标准规范

气源系统研制过程中适用的标准规范如表 6-1 所示。

2) 技术依据和设计要求

气源系统在研制过程中的技术依据和设计要求如表 6-2 所示。

表 6-1　标 准 规 范

标　　准	名　　　　　称
MIL-STD-810F	Environmental Testing Methods and Engineering Guidelines
DO-160D	Environmental Conditions and Test Procedures for Airborne Equipment
DO-178B	Software Considerations in Airborne Systems and Equipment Certification
DO-254	Design Assurance Guidance for Airborne Electronic Hardware
ARP 699E	High Temperature Pneumatic Duct Systems for Aircraft ARP 1796 Engine Bleed Systems for Aircraft
ARP 4754	Certification Consideration for Highly-Integrated or Complex Aircraft Systems
ARP 4761	Safety Assessment Process Guideline and Methods
FAR-25	Federal Aviation Regulations Part 25 Airworthiness Standards: Transport Category Airplanes
CCAR-25-R3	中国民用航空规章 25 部第三版-运输类飞机适航标准

表 6-2　技术依据和设计要求

序　号	名　　　　　称
1	Electromagnetic Environmental Effects on ARJ21 Airborne Equipment and Systems
2	Electrical Power Supply Requirements for ARJ21 Aircraft Utilization Equipment
3	Specification — ARJ21 Aircraft Wiring Installation Classification
4	Specification — ARJ21 Aircraft Electrical Bonding
5	Crew Alerting System CAS message and synoptic design of the ARJ 21 program
6	总体布局定义
7	ARJ21 飞机空气调节系统设计要求
8	空气管理系统设计要求
9	空气管理系统布局定义
10	新型涡扇支线飞机整机级初步功能危险分析
11	新支线飞机维修性要求
12	新型涡扇支线飞机寿命可靠性/安全性要求
13	新型涡扇支线飞机整机级功能危险分析
14	飞机设计图样及文件管理制度
15	ARJ21 飞机基础标准选用目录
16	新支线飞机紧固件选用规定
17	标准件选用目录

序　号	名　　称
18	ARJ21 通用制图规定
19	ARJ21 - CATIA V5 二维工程图样建模规定
20	CATIA 标准图幅设置和应用规定
21	材料选用目录
22	ARJ21 飞机表面保护技术规定

6.3　研制过程技术工作概述

气源系统研制过程可归纳为 9 个阶段。

1) 立项论证阶段（2000 年 2 月—2002 年 6 月）

通过对市场相似机型气源系统的分析比较，以及对航空公司反馈的运营经验和信息的采集，初步定义气源系统拟采用的概念方案，与飞机级初步概念方案和潜在上下游系统初步概念方案进行匹配，并最终完成系统初步概念方案的论证。

2) 可行性论证阶段（2002 年 6 月—2003 年 1 月）

根据相似机型气源系统的设计指标和市场定位，定义气源系统的初步设计目标与要求，与飞机级初步设计目标与要求以及潜在上下游系统初步设计目标与要求进行匹配，并最终完成初步设计指标的可行性论证。

3) 初步设计阶段（2003 年 1 月—2004 年 9 月）

气源系统在该阶段根据飞机级和系统级设计要求，完成并冻结高压导管及系统部件的初步空间布置，完成包括气源系统在内的空气管理系统性能初步计算，完成气源系统规范和功能接口、机械接口的第一轮签署。

4) 详细设计阶段（2004 年 9 月—2006 年 7 月）

该阶段气源系统在初步设计阶段的基础上，进一步完善系统规范、布置和接口定义。完成高压管路系统首轮应力计算，完成空气管理系统第二轮性能计算。系统成品件设计基本冻结，构型趋于稳定。

5) 部件生产及系统发图阶段（2006 年 7 月—2007 年 12 月）

气源系统详细设计阶段结束后，部件构型已趋于稳定，供应商开始对部件进行生产和试验。部件生产图纸、接收试验程序、鉴定试验程序和报告陆续提供。该阶段主要完成了部件性能和强度计算、鉴定试验和鉴定报告，并完成了系统安装图纸的发布，完成系统适航审定计划（CP）和试飞要求发放。

6) 系统级综合试验阶段（2007 年 12 月—2008 年 11 月）

该阶段气源专业完成系统级实验室试验。该试验为 MOC4 适航符合性试验，适航代表目击并批准该试验。

7) 研发试飞阶段(2008 年 11 月—2012 年 2 月)

首飞后,气源系统根据试验试飞要求,完成机上地面适航符合性试验(MOC5)、适航符合性机上检查(MOC7)、研发试飞(高温高湿、高寒、常温)。在进入 TIA(局方审定试飞)前,完成计算分析报告(MOC2)、安全性分析(MOC3)、设备鉴定报告(MOC9)。除飞行试验外,其余符合性报告均获得局方批准。气源系统在研制试飞阶段系统构型得到冻结。

8) 审定试飞阶段(2012 年 2 月—2014 年 12 月)

进入审定试飞阶段后,气源系统审定试飞完成了高温高湿和高寒气象下的飞行试验。试飞科目和验证条款如表 6-3 所示。

表 6-3 试飞科目和验证条款

序号	试 飞 科 目	验 证 条 款
1	气源系统功能和性能试飞	CCAR-25.1301d,CCAR-25.1309a
2	气源系统功能和性能地面验证	CCAR-25.1301d,CCAR-25.1309a
3	气源与空调、座舱压调系统联合工作正常模式演示	CCAR-25.1301d,CCAR-25.1309a

(1)气源系统功能和性能试飞。

气源系统结合空调系统试飞,分别在常温天、高温高湿天、高寒天进行了气源系统功能和性能验证试飞,均在 103 架机上进行。飞行过程中,通过切换 APU 和发动机引气,检查各气源系统稳态以及引气构形变化过程中的供气情况并验证对条款的符合性。试飞验证工作分别于 2013 年 4 月 1 日在阎良、2013 年 7 月 15 日至 2013 年 7 月 25 日在长沙、2013 年 12 月 29 日至 2014 年 1 月 18 日在海拉尔进行。

(2)气源系统功能和性能地面验证。

气源系统功能和性能地面验证要在冷天地面上,根据空调组件和短舱防冰系统的不同用气组合的切换,来检查气源系统的供气管理功能。试验于 2014 年 1 月 16 日完成。

(3)气源与空调、座舱压调系统联合工作正常模式演示。

气源与空调、座舱压调系统联合工作正常模式演示是地面上气源系统与空调、压调系统联合工作的功能检查。试验于 2013 年 7 月 19 日、2014 年 1 月 16 日完成。

9) 交付运营阶段(2015 年 11 月至今)

完成审定试飞后,气源系统随飞机进行示范运行和正式运营的保障工作。

6.4 重要技术问题

6.4.1 预冷器出口温度振荡问题

在执行干空气中水平飞行时机翼防冰系统试飞过程中,在飞行高度 8 000 ft

(2 438 m)、11 500 ft(3 505 m)和 21 000 ft(6 401 m)时,机翼防冰系统打开后,在简图页上观察到预冷器出口温度约在 160~260℃之间振荡,周期约为 22 s。试飞过程中,飞机高度恒定、推力稳定、发动机引气级和引气构型不变。期间,EICAS 系统未告警,CMS 系统未记录到系统部件失效。典型试验数据如图 6-2 所示。

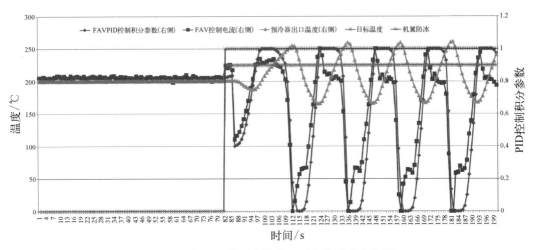

图 6-2　气源系统预冷器出口温度典型试验数据

出现该问题的主要原因是气源系统风扇空气活门电流控制增益过大,导致风扇空气活门在全开和全关位置快速变化。当预冷器出口目标温度和实际温度之差较大时,过大的风扇空气活门电流控制增益,引起风扇空气活门控制电流快速变化,最终导致预冷器出口温度在较大的范围内波动。

通过优化温度控制 PID 参数,避免风扇空气活门在全开和全关位置快速变化,从而避免预冷器出口温度在较大范围内振荡。综合空气系统控制器软件升级后该问题得到解决。

6.4.2　预冷器冷边出口通风充压腔(plenum)上密封圈老化泄露问题

由于预冷器冷边排气口 plenum 上的密封圈长期在高温条件下工作,且有安装误差,因此存在变形和老化现象,如图 6-3 所示。变形后的密封圈难以达到密封的目的,存在热气泄漏引发防火系统告警的风险。

plenum 上密封圈无单独件号,无法进行单独采购和更换。一旦密封圈需要更换,只能选择更换整个 plenum 或者是将新的 plenum 上密封圈取下安装替换变形的密封圈。更换完毕之后需返回供应商处修理,导致返修时间长,更换成本高。

通过更换密封圈材料提高温度耐受性和工作可靠性,同时,提供密封圈件号,便于单独采购和安装,提高其更换维修便利性。

6.4.3　预冷器维修性问题

ARJ21 飞机预冷器是一个叉流、空气-空气热交换器,固定在吊挂上,位于发动机短舱内,如图6-4所示。

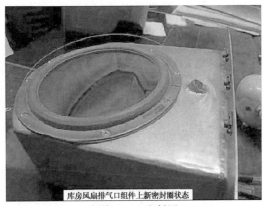

AC103变形plenum密封圈　　　　　　　　新的plenum密封圈

图6-3　变形前后密封圈对比

图6-4　预冷器安装位置

由于其接近性不好,需要先将发动机移除,然后才能将预冷器拆卸下来,给运营和维护带来了不便,因此需要评估预冷器维护间隔、预冷器的清洗必要性和清洗间隔。

航线上ERJ145飞机的发动机安装位置、预冷器安装位置和结构形式与ARJ21飞机比较相似,有较大的可比性。其预冷器的运营维护记录对ARJ21飞机预冷器具有较高的参考价值。

根据资料统计,某航空公司6架ERJ145架飞机在近10年运行期间的维修记录中,预冷器拆卸只占8.7%,其中预冷器拆卸有一部分原因是系统排故时串件。由此可见,预冷器的实际拆卸次数较少。从ERJ145的预冷器车间维修报告来看,在定期维修(6 000 fh)过程中,发现预冷器内有一定的损伤,需要进行维修,但是这些损伤对于预冷器的性能影响不大。由此可见与预冷器相关的故障较少,需要拆卸预冷器进行维修的故障更少。

实际运营时,在预冷器无故障的情况下,污染带来的效率降低可能导致引气温度高的问题,可能需要对预冷器进行必要的清洗。ARJ21飞机预冷器在进行设计和性能校核计算时,考虑了污染带来的影响,并保有较高的裕度,因此清洗周期不用过于频繁。

参照 ARJ21 飞机预冷器的设计和 ERJ145 飞机的实际运营维护记录,对 ARJ21 飞机预冷器的维修性提出如下建议。

(1) 在与下发(拆卸发动机)相关的任务中加入预冷器拆卸检查要求,并根据需要进行清洗和修理。

(2) 在飞机交付后,监控气源系统的故障,特别是预冷器相关故障。在飞机飞行小时接近 6 000 fh 时,建议用户对于 ARJ21 - 700 预冷器进行检查,根据检查结果并结合相关故障记录进行分析研究,判断预冷器维修和清洗间隔。

6.4.4　高压导管隔热层脱胶问题

ARJ21 - 700 飞机高压导管的设计采用高温合金或钛合金制作,其使用温度范围达到了 -55~260℃,热膨胀较为明显。隔热层设计时采用复合材料制作,胶粘在高压导管管壁上。由于不同材料间的热膨胀系数不同,在温度的反复变化中导致了隔热层与管路粘接的地方承受交变载荷并发生了脱落,如图 6 - 5 所示。

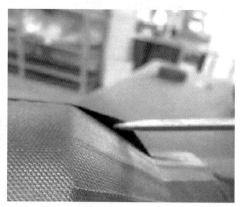

图 6 - 5　高压导管脱胶示意

针对以上设计问题,进行高压导管绝热层设计更改。设计宗旨为隔热层与高压导管可相对滑动,用于消除隔热层的交变应力。

详细设计方案如图 6 - 6 所示,在导管的两侧各设计 Z - ring 焊接于导管上。一侧 Z - ring 与隔热层采用胶水固定密封,另 Z - ring 与一侧隔热层可相对滑动用于补偿热膨胀,滑动侧采用硅橡胶波纹管进行密封。

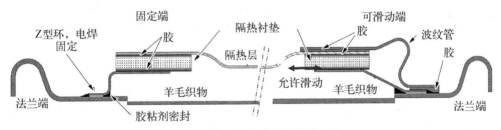

图 6-6　高压导管绝热层设计更改

6.5　技术创新点

1) 创新点内容

(1) 开发了预冷器性能校核计算程序,为气源系统试飞试验点选取和单引气防冰更改提供计算支持。

(2) 通过预冷器性能曲线和相关部件、管路的压力特性曲线,计算预冷器冷却流量和热边出口温度以及压力损失,为下游系统计算提供输入。

(3) 提出了一种基于冷边流阻特性的预冷器出口温度计算方法。其计算思路是基于预冷器冷边最大流量下的流阻计算,并结合预冷器的换热效率,判断预冷器的最大冷却能力并计算此时预冷器热边的出口温度。

(4) 通过 Fortran 编程,在给定发动机引气参数后可以方便快捷地计算出预冷器实际出口温度,计算耗时短、效率高。

(5) 通过试飞数据对比,证明计算方法的误差在实际系统的控制精度范围内。

2) 创新点应用情况

本创新技术是在完成 ARJ21 飞机及气源系统适航取证及单引气防冰更改方案论证过程中形成的,已成功应用于 ARJ21 飞机型号设计,为气源系统试验点的选取和下游系统的计算提供了依据和基础。并可以指导 C919 飞机的概念设计、初步设计和详细设计,以及 C919 飞机气源系统性能计算和飞行试验等适航取证工作。

6.6　科技成果

6.6.1　ARJ21-700 飞机短舱防冰与气源系统设计更改及适航取证技术

1) 成果内容

ARJ21-700 飞机设计初期,由于吊挂中安装空间有限,预冷器的体积受到限制,导致 ARJ21-700 飞机不具备 FAA 121 号修正案要求的单引气防冰能力。"ARJ21-700 飞机单发引气防冰更改与适航验证"项目以突破 ARJ21-700 飞机适航取证和交付运营瓶颈为背景,通过有限的技术更改,实现了预期目标,同时将补充的适航取证工作量降到了最低,整个更改项目在多项技术上实现了如下技术创新成果:

（1）提出了将短舱防冰系统引气口更改为发动机五级单独引气的方法，解决了ARJ21－700飞机单引气条件下无法防冰的问题，解决了飞机交付航空公司无法运营西部航线的问题，显著提升了ARJ21－700飞机航线运营能力，为飞机投入市场运营和取得FAA适航证奠定了坚实基础。

（2）提出了采用基于试验校核的计算分析进行单引气防冰更改构型补充验证的方法，解决了防冰计算模型对输入参数的宽范围适应性问题，取代了单引气构型自然结冰试飞验证工作，为飞机顺利适航取证奠定了基础。

（3）提出了基于流阻特性的预冷器性能计算模型，系统地解决了预冷器性能分析计算中冷边参数和热边参数随动变化问题，提高了不同工作模式下的计算精确度，该模型经过试飞试验验证具备精度高和可重复性好的特点，具有很高的推广价值。

2）成果推广应用情况

ARJ21－700飞机单引气防冰更改与适航验证技术是飞机型号研制过程中经验和方法的总结，相关成果均已应用到ARJ21－700飞机的型号研制和取证中。

本成果项目提出是基于预冷器冷边流动阻力的预冷器性能计算方法，解决了ARJ21－700飞机单引气条件下气源系统性能评估的问题，支持完成了单引气防冰设计更改方案的评估和更改后系统补充试飞状态点的确定，相关成果成功应用于ARJ21飞机短舱防冰系统适航取证中。

本成果项目的提出基于热量分析的防冰系统性能对比方法和严酷状态点选取方法，在设计初期解决了系统性能的初步评估问题。采用的溢流冰尺寸作为短舱防冰系统性能评估的指标，解决了传统表面温度的衡量指标无法直观地表达湿蒸发防冰表面溢流水情况的问题，并成功应用于ARJ21飞机短舱防冰系统适航取证中。

本成果项目提出的一种"基于试验校核的计算分析验证方法"，结合试飞数据对性能计算的校核，减少了短舱防冰系统和气源系统试飞验证的工作量，解决了设计更改后系统试飞验证周期长、费用高的问题，可为后续机型相关构型验证工作提供借鉴思路。

本成果可为后续型号及其他运输机的气源系统性能评估、短舱防冰系统性能评估和设计更改提供思路借鉴和相关技术指导，具有较强的实用性和应用推广价值。

3）成果获奖情况

本成果获得"上海飞机设计研究院2015年度科技成果"一等奖。

6.6.2　ARJ21－700飞机后设备舱环境温度计算验证

1）成果内容

通过ARJ21－700飞机后设备舱这一典型的大空间、设备复杂、多热源区域的环境温度验证，得出了通过实验室验证计算方法和计算模型-典型大空间、设备复杂、多热源舱室数模处理-内外流场耦合计算-机上验证的技术思路,具体如下。

(1) 计算方法和计算模型实验室验证研究。为了确保计算模型和计算方法的准确性,在实验室恒温舱内建立 ARJ21 - 700 飞机后设备舱缩比模型,测量特征点处的温度和速度值,CFD 计算结果与实验数据吻合,计算方法和计算模型有效,为后续的温度场计算分析奠定了基础。

(2) 典型大空间、设备复杂、多热源舱室数模处理研究。本项目针对典型大空间、设备复杂、多热源舱室计算数模处理的难题,提出了根据不同部件传热特性及对温度场的影响进行数模简化处理的技术思路,有效全面地考虑各发热源及各系统传热特性,确保计算的正确性。

(3) 内外流场耦合计算方法研究。本项目针对 ARJ21 - 700 飞机后设备舱复杂舱室环境温度计算提出了将外环境流场、内部热流、格栅通风、条缝引射及蒙皮自身导热一起耦合计算温度场的分析方法,解决了外流场与内流场精确迭代耦合换热的问题。

(4) 机上验证。本项目通过计算试飞试验构型下的 ARJ21 - 700 飞机后设备舱环境温度,对比温度计算值和试验测量值,计算结果与试验测量值误差在 10% 以内,验证了大空间、设备复杂、多热源舱室环境温度计算的准确性和可信性。

2) 成果推广应用情况

根据本项目的计算结果,对 ARJ21 - 700 飞机后设备舱格栅进行了有效的更改,并进行了排液试飞,试飞结果良好。

本项目攻克了环境温度验证难题,解决了排液试飞中后设备舱的通风冷却问题,实现了 ARJ21 - 700 飞机对 DO160 及 GTS 的符合性验证,并切实解决了 ARJ21 - 700 飞机研制过程中遇到的难题,支持和推进了 ARJ21 - 700 飞机的取证工作。

通过本项目的成功经验,为飞机非增压舱环境温度场计算验证开拓了新思路,并可以在后续型号工程中推广应用,为大飞机设计的开展提供技术支持。

3) 成果获奖情况

本成果获得"上海飞机设计研究院 2015 年度科技成果"三等奖。

6.7 系统设计示例

6.7.1 波音 B737 飞机

6.7.1.1 系统功能概述

波音 B737 飞机气源系统向飞机的各个用户系统供应压缩空气,B737 飞机气体动力来自左右发动机的引气系统、APU 引气系统和地面气源系统,然后通过气源总管被分配给其他用户系统,包括发动机起动系统、空调与增压系统、发动机进气道防冰系统、机翼防冰系统、水箱增压系统、总温探头通气和液压油箱增压系统。B737 飞机气源系统原理如图 6 - 7 和图 6 - 8 所示。

B737 飞机在飞行中,气源系统主要从发动机 5 级或 9 级高压压气机引气,发动

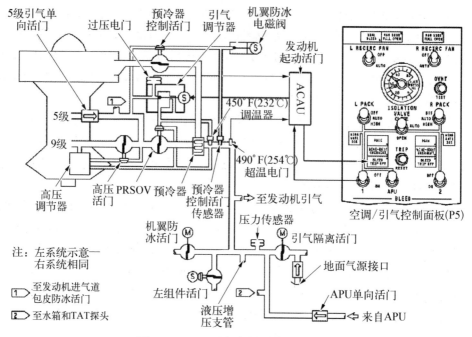

图 6-7 B737 飞机气源系统原理(一)

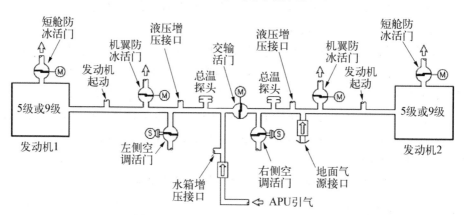

图 6-8 B737 飞机气源系统原理(二)

机引气经过温度和压力调节后供给用气系统;在 17 000 ft(5 182 m)以下,气源系统也可以从 APU 引气供给用气系统。B737 飞机在地面上时,主要从 APU 引气供给用气系统,也可以通过地面高压接头从地面气源车引气供给用气系统。

6.7.1.2 系统构成

B737 飞机气源系统主要包括以下部件:5 级引气单向活门、高压活门、高压调节器、发动机起动活门、预冷器、预冷器控制活门、预冷器控制活门传感器、地面气源接口、引气隔离活门、APU 单向活门、压力传感器、高压导管等。B737 飞机气源系统主要分布区域如图 6-9 所示。

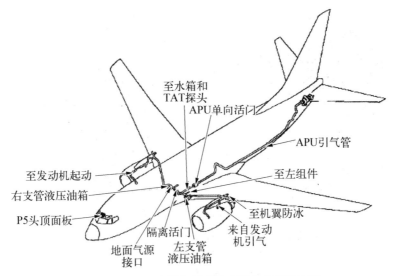

图 6-9　B737 飞机气源系统主要分布区域示意

B737 飞机气源系统主要部件如图 6-10～图 6-19 所示。

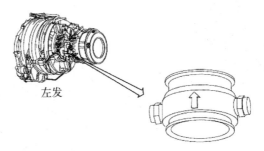

图 6-10　5 级引气单向活门及安装位置示意

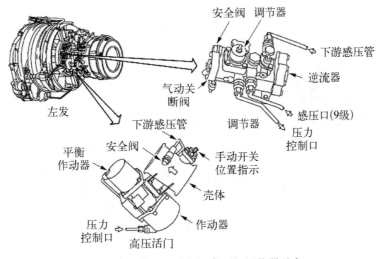

图 6-11　高压级活门和高压级调节器示意

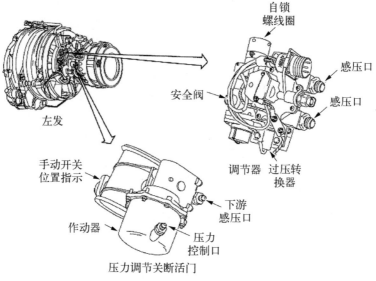

自锁螺线圈

感压口

安全阀

感压口

手动开关位置指示

作动器

下游感压口

压力控制口

调节器　过压转换器

压力调节关断活门

图 6-12　压力调节关断活门示意

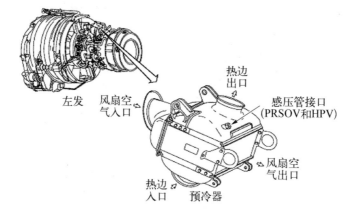

左发

风扇空气入口

热边出口

感压管接口(PRSOV和HPV)

风扇空气出口

热边入口　预冷器

图 6-13　预冷器示意

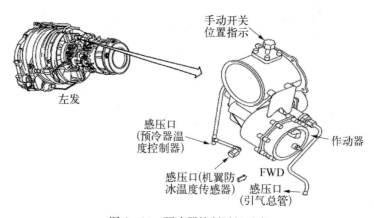

左发

手动开关位置指示

感压口(预冷器温度控制器)

作动器

感压口(机翼防冰温度传感器)

FWD

感压口(引气总管)

图 6-14　预冷器控制活门示意

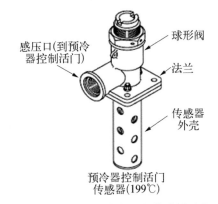

图 6-15 预冷器控制活门传感器示意

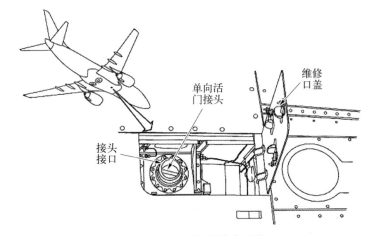

图 6-16 地面气源接头示意

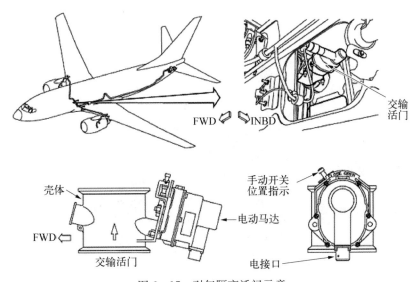

图 6-17 引气隔离活门示意

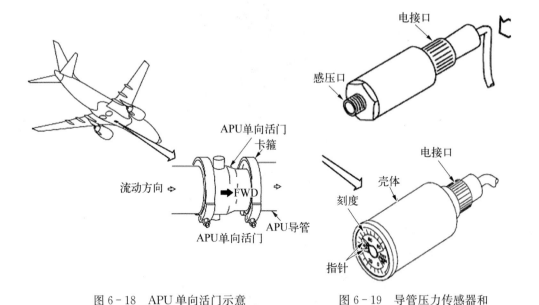

图 6-18　APU 单向活门示意　　　　图 6-19　导管压力传感器和
　　　　　　　　　　　　　　　　　　　　　　压力指示器示意

6.7.2　波音 B747 飞机

6.7.2.1　系统功能概述

波音 B747 飞机气源系统从发动机、APU 或地面高压气源引气，用于机翼防冰、空调、发动机起动、水箱增压等用气系统。B747 飞机气源系统结构如图 6-20和图 6-21 所示。

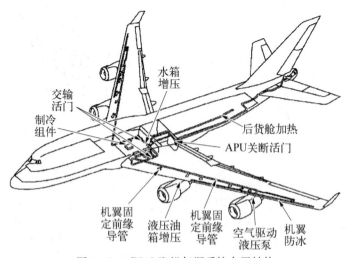

图 6-20　B747 飞机气源系统布置结构

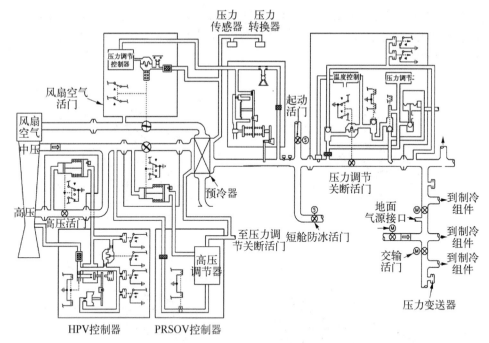

图 6-21　B747 飞机气源系统原理结构

6.7.2.2　系统构成

B747 飞机气源系统主要包括以下部件：8 级引气单向活门、高压活门、高压调节器、压力调节关断活门、预冷器、预冷器控制活门、预冷器控制活门传感器、地面气源接口、引气隔离活门、APU 单向活门、导管压力传感器和导管压力指示器、高压导管等。B747 飞机气源系统部件在短舱和吊挂的布置如图 6-22 所示。

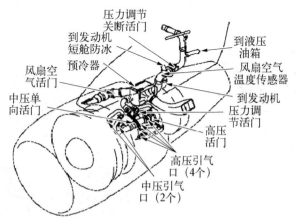

图 6-22　B747 飞机气源系统部件在短舱和吊挂的布置

当从发动机引气时，有两种气源，分别是中压引气(8 级)和高压引气(15 级)。当发动机低功率运行时，其中三台发动机压缩机提供高压级(15 级)引气；当发动机高功率运行时,其中两台发动机压缩机提供中压(8 级)引气。中压单向活门可以阻止高压气体向发动机中压区流动。B747 飞机气源系统主要部件示意如图 6-23～图 6-27 所示。

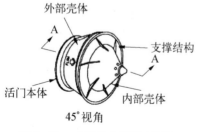

图 6-23　中压单向活门(IPCV)

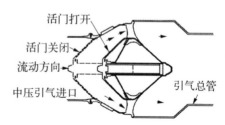

图 6-24　中压单向活门(IPCV)截面

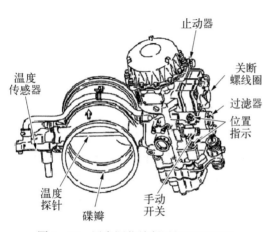

图 6-25　压力调节关断活门(PRSOV)

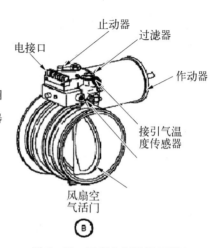

图 6-26　风扇空气活门(FAV)

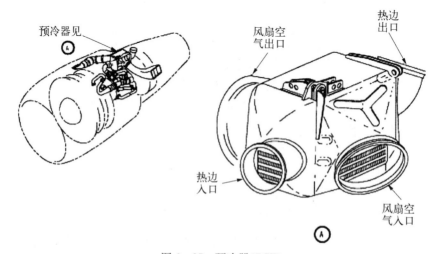

图 6-27　预冷器(PCE)

6.7.3 空客 A320 飞机

6.7.3.1 系统功能概述

空客 A320 飞机气源系统从发动机、APU 或地面高压气源引气,用于机翼防冰、空调、发动机起动、液压油箱增压、水箱增压、发动机短舱防冰等用气系统。

A320 飞机在飞行中,气源系统主要从发动机 5 级或 9 级高压压气机引气,发动机引气经过温度和压力调节后供给用气系统;在 20 000 ft(6 096 m)以下,气源系统也可以从 APU 引气供给用气系统。A320 飞机在地面上时,主要从 APU 引气供给用气系统,也可以通过地面高压接头从地面气源车引气供给用气系统。A320 飞机气源系统原理如图 6-28 所示。

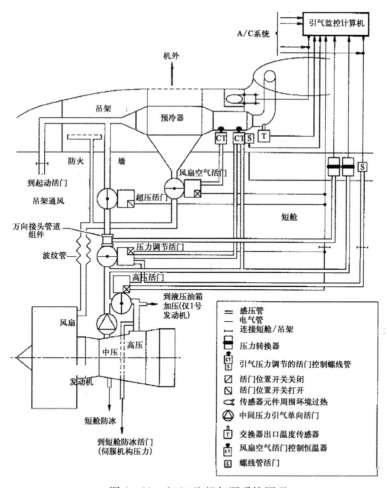

图 6-28 A320 飞机气源系统原理

6.7.3.2　系统构成

A320 飞机气源系统包括分配系统和指示系统。分配系统将来自引气源的引气提供给各个用气系统，包括发动机引气供给系统、APU 引气供给和交输供给系统、地面压缩空气供给系统等子系统。指示系统包括压力、温度监视和泄漏检测子系统，指示系统监控引气压力和温度、活门位置；泄漏检测系统的过热探测传感元件安装在导管上或导管附近，用以探测管路泄漏。

A320 飞机气源系统主要包括以下部件：预冷器、高压活门、中压单向活门、超压活门、压力调节活门、风扇空气活门、交输引气活门、APU 引气活门、APU 引气单向活门、压力传感器、温度传感器、电子控制盒、高压导管等。A320 飞机气源系统部件在飞机上的布置如图 6-29 所示。

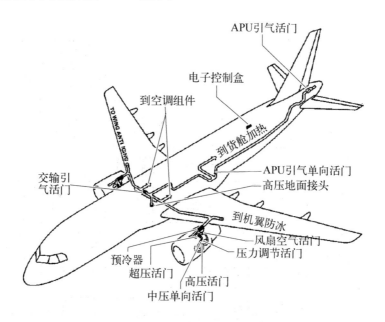

图 6-29　A320 飞机气源系统部件布置

A320 飞机气源系统部件在短舱和吊挂的布置如图 6-30 所示，APU 引气导管和 APU 引气活门布置如图 6-31 和图 6-32 所示，气源系统部件在机身中部和后部的布置如图 6-33 所示。

A320 飞机气源系统主要部件如图 6-34～图 6-39 所示。

6.7.4　空客 A340 飞机

6.7.4.1　系统功能概述

空客 A340 飞机气源系统从发动机、APU 或地面高压气源引气，用于机翼防冰、空调、发动机起动、液压油箱增压、水箱增压、发动机短舱防冰等用气系统。A340 飞机气源系统布置图如图 6-40 所示。

A340 飞机在飞行过程中,气源系统主要从发动机 5 级或 9 级高压压气机引气,发动机引气经过温度和压力调节后供给用气系统。在 22 500 ft(6 858 m)以下,气源系统也可以从 APU 引气供给用气系统。A340 飞机在地面上时,主要从 APU 引气供给用气系统,也可以通过地面高压接头从地面气源车引气供给用气系统。

A340 飞机气源系统包括分配系统和指示系统。分配系统将来自引气源的引气提供给各个用气系统。分配系统包括发动机引气供给系统、APU 引气供给和交输供给系统、地面压缩空气供给系统等子系统。指示系统包括压力、温度监视和泄漏检测子系统,指示系统监控引气压力和温度、活门位置。泄漏检测系统的过热探测传感元件安装在导管上或导管附近,用以探测管路泄漏。A340 飞机气源系统原理如图 6-41 所示。

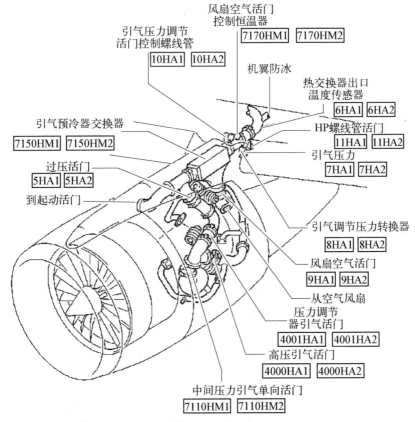

图 6-30　A320 飞机气源系统部件在短舱和吊挂内的布置

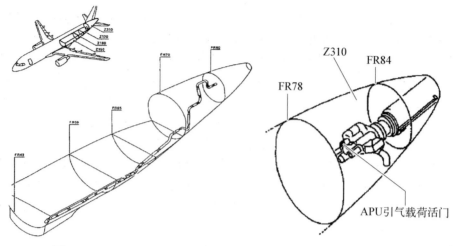

图 6-31　A320 飞机气源系统
　　　　　APU 引气导管布置

图 6-32　A320 飞机气源系统
　　　　　APU 引气活门布置

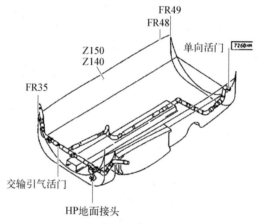

图 6-33　A320 飞机气源系统部件在机身中部和后部布置

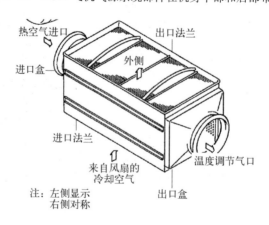

图 6-34　预冷器示意

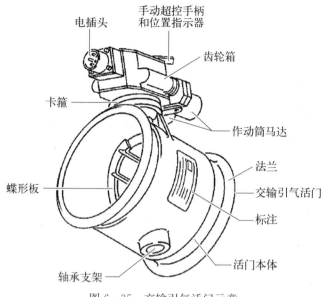

图 6-35 交输引气活门示意

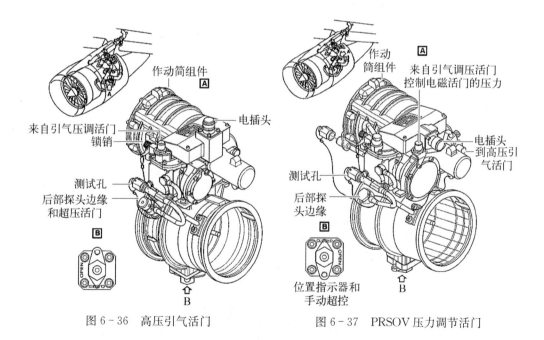

图 6-36 高压引气活门 图 6-37 PRSOV压力调节活门

6.7.4.2 系统构成

A340 飞机气源系统主要包括以下部件:预冷器、高压活门、中压单向活门、超压活门、压力调节活门、风扇空气活门、交输引气活门、APU引气活门、APU引气单向活门、压力传感器、温度传感器、电子控制盒、高压导管等。

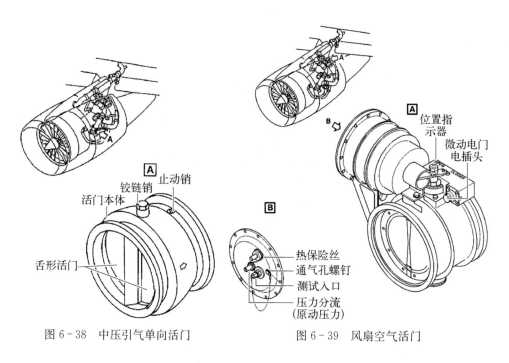

图 6-38　中压引气单向活门

图 6-39　风扇空气活门

（图6-38标注）止动销、铰链销、活门本体、舌形活门、A

（图6-39标注）位置指示器、微动电门电插头、热保险丝、通气孔螺钉、测试入口、压力分流（原动压力）、A、B

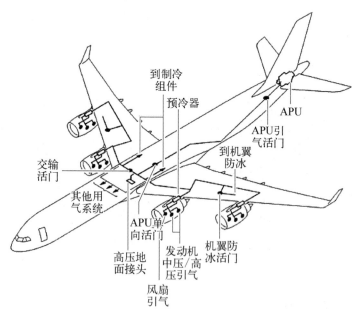

图 6-40　A340 飞机气源系统布置

（图6-40标注）到制冷组件、预冷器、APU、APU引气活门、到机翼防冰、交输活门、其他用气系统、APU单向活门、发动机中压/高压引气、机翼防冰活门、高压地面接头、风扇引气

　　A340 飞机气源系统部件在短舱和吊挂的布置如图 6-42 所示，A340 飞机气源系统主要部件示意如图 6-43～图 6-46 所示。

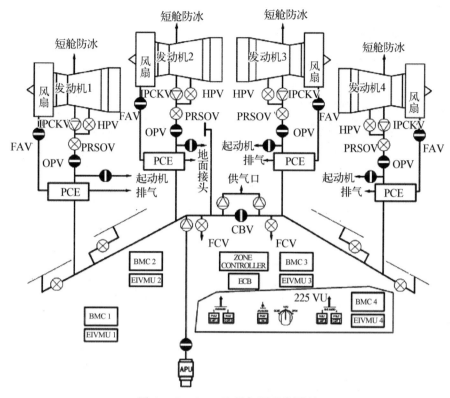

图 6-41 A340 飞机气源系统原理

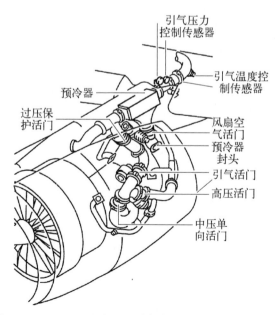

图 6-42 A340 飞机气源系统部件在短舱和吊挂内的布置

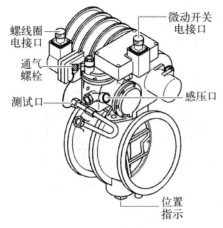

图 6-43 高压引气活门

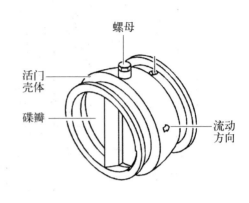

图 6-44 中压单向活门

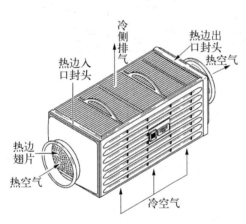

图 6-45 预冷器

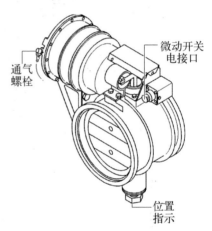

图 6-46 风扇空气活门

7 水/废水系统

7.1 系统简介

ARJ21-700的水/废水系统是为了满足旅客在机上生活期间的生理要求,以及使旅客能度过舒适的旅途生活,而为厨房、盥洗室提供饮用水、洗涤用水及马桶冲洗用水,并对洗涤灰水及马桶废水进行处理的系统。水/废水系统包括饮用水系统和废水处理系统。

7.1.1 饮用水系统

饮用水系统为客机贮藏并提供足够量的水源,采用压力供水方式为机上厨房及盥洗室提供饮用水、冷热盥洗用水和马桶冲洗用水,满足旅客机上生活的需要。系统有自动控制、报警功能及防止结冰的加温或保温措施。饮用水系统原理如图7-1所示。

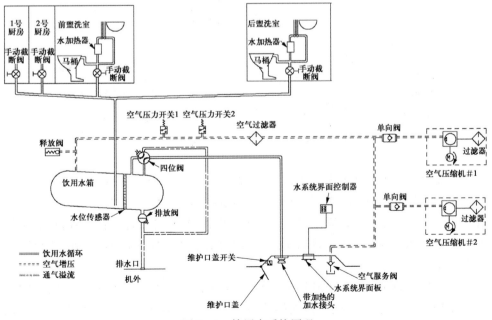

图 7-1 饮用水系统原理

饮用水系统主要由储存和供水系统、水箱加压系统、水服务控制与指示系统组成。储存和供水系统包括水箱、手动截断阀、供水管路、水加热器及冷/热水龙头组件。水箱加压系统包括空气压缩机、过滤器、空气压力开关、压力释放阀、单向阀、空气服务阀及管路等。水服务控制与指示系统由水系统界面控制器、水系统界面板、水/废水状态板、排水阀、四位阀、维护口盖开关、带加热的加水接头等组成。

7.1.2 废水处理系统

废水处理系统的主要功能是对使用后的马桶进行冲洗、除臭,利用压差将马桶产生的废水吸入废水箱,防止废水外溢污染环境,并且在飞机地面维护时,对废水进行排放,以此在飞机内提供和保持一个清洁卫生的环境。另外,将盥洗室的盥洗废水以及厨房的工作废水利用机外排放杆直接排到机外。废水处理系统原理如图 7-2 所示。

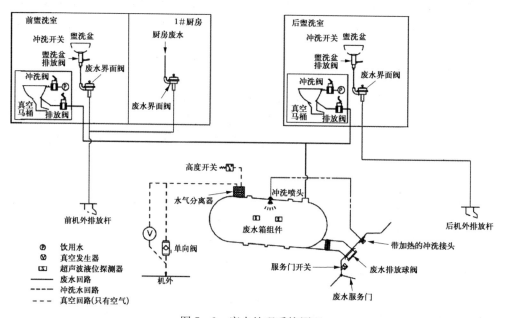

图 7-2　废水处理系统原理

废水处理系统包括废水系统、真空废水系统、废水服务及控制系统。

废水系统的功能是将厨房工作灰水和盥洗室盥洗灰水通过前、后机外排放杆排出机外。废水系统包括盥洗室洗手池排放组件、机外排放杆组件、厨房排放组件和管路。废水系统的主要组件为厨房灰水界面阀、盥洗室盥洗池、机外排放杆、厨房集水池等。

真空废水系统的原理是利用废水箱产生一定真空度,使客舱和废水箱之间产生一定压差,从而将空气的静压头转换成速度头来将乘员用厕排泄物输送到废水箱。真空废水处理系统的主要组件为真空马桶组件、废水箱组件、真空发生器、单向阀、高度开关、管路等。

　　废水服务与控制系统的功能是提供给地面维修人员对废水系统进行维护工作的交互界面,提供废水系统状态显示和进行废水系统工作测试,以及指令和控制整个废水系统工作。废水服务与控制系统的主要组件包括废水服务板组件、水/废水状态板(WWSP)、逻辑控制模块(LCM)等。

7.2　专业研制文件依据

　　1) 飞机级设计要求文件(见表 7-1)

表 7-1　飞机级设计要求文件

序　号	文　件　名　称
1	ARJ21 飞机设计技术要求
2	总体布局定义
3	ARJ21 飞机通用技术规范
4	ARJ21-700 飞机整机级功能危险分析
5	新支线飞机寿命可靠性/安全性要求
6	新支线飞机维修性要求
7	新型涡扇支线飞机项目文件和工程设计图样管理制度
8	ARJ21 机载设备和系统电磁环境效应接口要求
9	飞机供电系统对机载用电设备的要求

　　2) 系统设计要求文件(见表 7-2)

表 7-2　系统级设计要求文件

序　号	文　件　名　称
1	ARJ21 飞机水/废水系统布局定义
2	ARJ21-700 Water & Waste System Technical Specification
3	ARJ21 飞机水/废水系统设计技术要求
4	ARJ21-700 飞机水/废水系统软管技术规范
5	Flexible Hose Specification For ARJ21 WWS
6	PWS Installation Requirements
7	Installation Requirement for ARJ21 Vacuum Waste System
8	ARJ21 飞机机外排放杆技术规范
9	The Drain Mast Technical Specification for ARJ21 Aircraft
10	ARJ21-700 飞机水/废水系统排水及通气软管技术规范
11	Drain and Vent Hose Specification for ARJ21 WWS
12	ARJ21-700 飞机水/废水系统布线设计要求
13	VWS System Description Document
14	PWS System Description Document

3) 系统行业标准(见表 7-3)

表 7-3 系统行业标准

序 号	文 件 名 称
1	DO-160D Environmental Conditions and test Procedures for Airborne Equipment
2	DO-178B Software Considerations in Airborne Systems and Equipment Certification
3	ATA Specification100 Specification for Manufacturers' Technical Data

7.3 研制过程技术工作

1) 建议书及评标阶段(RFP)

在建议书及评标阶段,水废水专业主要完成如下工作:

(1) 系统研制阶段划分及定义。

(2) 系统方案权衡研究。

(3) 系统初步布置建议。

(4) 四性等指标初步讨论。

2) 联合定义阶段(JDP)及初步设计评审(PDR)

在联合定义及初步设计评审阶段,水/废水专业主要完成如下工作:

(1) 与供应商的工作界面分工。

(2) 系统顶层要求定义。

(3) 系统功能、原理、组成及方案的初步定义。

(4) 系统布置方案及电子样机数模安装协调。

(5) 交联系统接口界面初步定义。

(6) 供应商及系统重量指标定义。

(7) 水箱及废水箱容量计算。

(8) 系统安全性、可靠性及维修性初步分析评估。

(9) 系统试验计划制订。

3) 关键设计阶段(CDP)及关键设计评审(CDR)

在关键设计及关键设计评审阶段,水/废水专业主要完成如下工作:

(1) 研制过程计划制订。

(2) 系统功能、原理、组成及方案的详细定义。

(3) 系统详细安装数模完成。

(4) 供应商及系统重量指标分配细化。

(5) 水箱及废水箱强度分析。

(6) 水箱及废水箱容量计算。

(7) 系统安全性、可靠性及维修性详细分析评估。

（8）系统适航验证计划编制。

（9）技术出版物交付计划。

（10）系统试验及试飞规划。

4）系统集成和验证阶段

在系统集成和验证阶段，水/废水专业主要完成如下工作：

（1）系统安装数模及图纸发放。

（2）供应商完成系统台架试验验证。

（3）系统成品件交付。

（4）系统零件制造过程问题处理及设计更改。

（5）系统安装过程中设计更改及优化。

5）机上功能试验（OATP）

在机上功能试验阶段，水/废水专业主要完成如下工作：

（1）与供应商协调完成机上功能试验程序的编制及发放。

（2）研制批机上功能试验。

（3）处理机上功能试验过程中出现的系统或设备故障。

（4）更改及优化机上功能试验程序。

6）ARJ21-700 飞机首飞

在 ARJ21-700 飞机首飞阶段，水/废水专业主要完成如下工作：

（1）根据首飞装机构型要求，完成水/废水专业首飞机图纸优化。

（2）水/废水专业首飞构型更改及评估。

（3）水/废水专业首飞评审。

7）机上地面试验（MOC5）

在机上地面试验阶段，水/废水专业主要完成如下工作：

（1）水/废水系统机上地面试验任务书的编制及协调。

（2）机上地面试验的相关协调工作。

（3）机上地面试验大纲的编制及审批。

（4）机上地面试验构型评估及制造符合性检查。

（5）机上地面试验预演及正式试验。

（6）机上地面试验报告及试验分析报告的编制及审批。

8）机上检查（MOC7）

在机上检查阶段，水/废水专业主要完成如下工作：

（1）机上检查大纲的编制及审批。

（2）机上检查的相关协调工作。

（3）机上检查构型评估及制造符合性检查。

（4）机上检查试验。

（5）机上检查报告的编制及审批。

9) 研发试飞

在研发试飞阶段,水/废水专业主要完成如下工作:

(1) 研发试飞要求的编制及协调。

(2) 研发试飞现场跟飞。

(3) 研发试飞试验过程故障处置。

(4) 研发试飞试验数据处理及评估。

(5) 编制研发试飞试验总结报告。

10) 合格审定验证试飞(MOC6)

在合格审定验证试飞阶段,水废水专业主要完成如下工作:

(1) 合格审定试飞要求的编制及协调。

(2) 合格审定试飞大纲的协调及审批。

(3) 合格审定试飞现场跟飞。

(4) 合格审定试飞构型评估及制造符合性检查。

(5) 完成合格审定试飞试验。

(6) 合格审定试飞试验数据处理及评估。

(7) 合格审定试飞分析报告的编制及审批。

7.4　重要技术问题

7.4.1　水系统增压工作不正常

7.4.1.1　问题描述

在进行 104 架机机上试验程序(OATP)试验过程中发现第一个空气压缩机停止时,系统压力值应达到 38 ± 1.5 psi,而实际为 33 psi,小于理论值,不符合要求。而且在 33 psi 时 WSIC 故障显示灯亮起,压缩机停止工作。而之前在 101~103 架机的 OATP 时系统功能正常,没有出现故障。

7.4.1.2　问题定位

经设计团队与供应商多次沟通,供应商认为可能产生偏离的故障原因是单向阀,安装于水箱及两个空气压力开关之间的单向阀压降过大,导致进气端压力达到压力许可值(38 ± 1.5 psi),而出气端压力尚未达到压力许可值。101~103 架机之所以没有故障,只是巧合,不能表明系统没有缺陷。

7.4.1.3　解决方案

于台架上进行功能试验模拟之后,确认将安装于水箱及两个空气压力开关之间的单向阀去掉可以解决该问题,同时将两根管路合并为一根管路。解决方案如图 7-3 和图 7-4 所示。

贯彻该解决方案之后该问题已得到解决,顺利完成了 OATP。

7.4.1.4　收获及经验教训

(1) 对于水/废水系统原理及设备参数指标有了更进一步的了解。

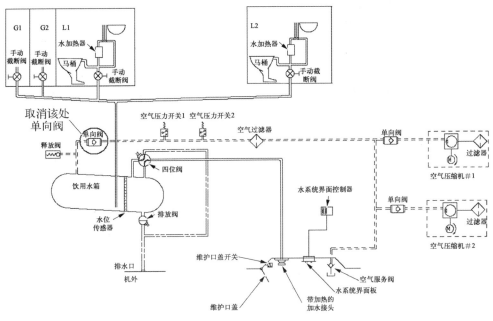

图 7-3 解决方案原理

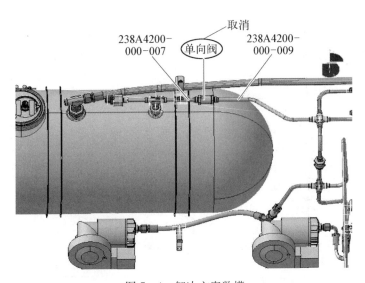

图 7-4 解决方案数模

（2）在系统研发设计阶段，系统的工作原理及架构的设计应多参考成熟型号研制经验，了解系统架构中每个设备的原理及所起的作用，在飞机试飞前期尽早对系统进行使用，以提前发现问题。

（3）通过建立系统台架模拟系统功能，为系统的自主研发打好基础。

7.4.2 巡航状态下盥洗盆堵塞无法开启

7.4.2.1 问题描述

在飞机水/废水系统研发试飞过程中，飞机爬升至 10 000 ft(3 048 m)后，开始平飞加速，同时试验人员往前盥洗盆中注入红色水溶液；在飞机再次开始爬升后，试验人员开始进行前盥洗盆液体排放试验，排放一定量的液体之后，发现液体无法继续排放到机外［此时飞行高度低于 20 000 ft(6 096 m)］；试验人员检查后盥洗盆，发现后盥洗盆堵塞无法排放。

飞机爬升到 35 000 ft(10 668 m)进行巡航后，试验人员分别进行前盥洗室及后盥洗室的排放测试，前后盥洗室的盥洗盆堵塞均无法开启。

飞机下降到 20 000 ft 后进行平飞巡航，试验人员分别进行前盥洗室及后盥洗室的排放测试，此时残留在前盥洗盆中的红色液体可以缓慢进行排放(堵塞无法完全开启)，但是后盥洗室中的盥洗室堵塞仍然无法开启。

飞机下降至 10 000 ft，此时前盥洗盆及后盥洗盆中的堵塞均可以完全开启，前后盥洗盆中液体排放顺畅。

7.4.2.2 问题定位

水/废水专业设计人员查阅 ARJ21 飞机盥洗室机载设备维修手册(CMM)并与相关技术人员讨论，对堵塞开启机构(见图 7-5)进行分析后，初步确定故障原因是：在巡航状态下堵塞受到舱内外压差产生的压力约为 44 N，即堵塞开启机构中传递至堵塞的开启力需大于 44 N。而 ARJ21 盥洗盆堵塞组件的连杆机构刚性较低，无法承受 44 N 的力，导致受到较大的按压力时连杆发生弹性变形，堵塞按钮按

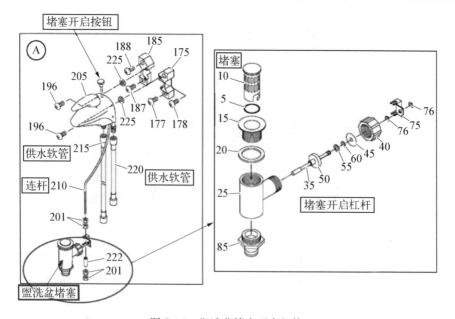

图 7-5 盥洗盆堵塞开启机构

到底后,传递至堵塞的开启力小于 44 N,堵塞无法开启。

7.4.2.3 解决方案

经过与水/废水系统供应商、内饰专业及盥洗室供应商协调之后,确认了解决方案,即在盥洗盆下方的排水管路中增加一个灰水界面阀,通过灰水界面阀将盥洗盆堵塞与舱外大气隔离开,使得盥洗盆堵塞不会受到舱内外压差的作用,解决方案如图 7-6 所示。

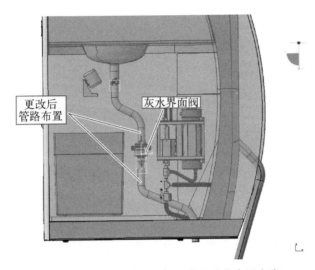

图 7-6 增设灰水界面阀后的盥洗室布置方案

贯彻更改方案之后问题已经得到解决,并且完成了水/废水系统的研发试飞及合格审定试飞。

7.4.2.4 收获及经验教训

(1) 在系统初步需求定义阶段,应加强与相关专业的功能接口协调,尽可能详细地定义接口信息及指标。

(2) 在系统研发设计阶段,系统的工作原理及架构的设计应多参考成熟型号研制经验,了解系统架构中每个设备的原理及所起的作用,在飞机试飞前期尽早对系统进行使用,以提前发现问题。

7.4.3 易冻液体排放试飞科目试飞方法及判据的更新

7.4.3.1 问题描述

审查方于 2012 年 11 月提出,水/废水系合格审定大纲中易冻液体排放试飞科目的试验判据未确定,并且该试验科目的研发试飞尚未进行。为此,审查方要求申请人尽早安排进行研发试飞以便完善审定试飞大纲中的判据。

由于缺乏进行易冻液体排放试飞的相关经验,并且可参考的其他文件包括咨询通告中对于易冻液体排放试飞科目的试验判据也没有较为明确的判定。

7.4.3.2　解决方案

计划先进行易冻液体排放研发试飞,待研发试飞完成之后,再根据研发试飞结果确定易冻液体排放试飞最终的试验判据。

2014年1月及2月,分两架次进行了水/废水系统的研发试飞,并根据研发试飞试验结果对审定试飞大纲中的试飞方法、采集试飞参数及试飞判据等进行了修改,并于2014年3月确定了审定试飞大纲为最终有效的试飞大纲。

ARJ21-700飞机103架机于2014年4月17日、2014年4月22日和2014年4月23日在阎良机场按照试飞大纲的要求,分3架次在巡航、改变巡航高度以及逆时针和顺时针待机状态下顺利完成了水/废水系统易冻液体排放试验审定试飞。

7.4.3.3　收获及经验教训

由于此前国内没有对于易冻液体排放25.1455条款的验证经验,因此水/废水专业通过ARJ21-700飞机研发试飞及审定试飞试验的开展及数据处理,提出了易冻液体排放25.1455条款的试验验证思路、方法及试验判据,可以为后续其他机型验证25.1455条款提供基础及参考。

7.4.4　空气压力开关告警

7.4.4.1　问题描述

2016年1月18日,ARJ21-700飞机106架机执行长沙—虹桥航班飞行时,虹桥落地后,系统功能正常,检查水系统界面板(WSIP)后发现FAULT黄灯亮(见图7-7),水系统界面控制器(WSIC)上空气压力开关Pressure Switch黄灯亮(见图7-8),此时水箱不能增压,机务进行了加水操作,可以加入清水,水/废水状态板(WWSP)上水位显示正常(见图7-9),加水完成后重置控制器,故障消失。落地长

图7-7　水系统界面板(WSIP)故障指示状态

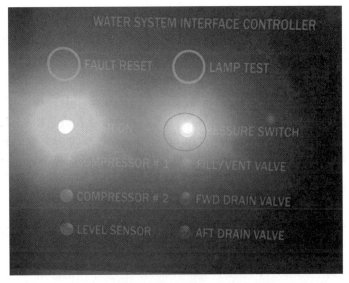

图 7-8 水系统界面控制器(WSIC)故障指示状态

图 7-9 水/废水状态板(WWSP)指示状态

沙后的故障现象和处置方法与落地虹桥时一致。

7.4.4.2 问题定位

水系统有两个空气压力开关 Pressure Switch,主空气压力开关和辅助空气压力开关。空气压力开关监控系统压力,在压力触发点闭合或断开,并将位置信号传输到水系统界面控制器(WSIC),启动或停止空气压缩机工作。系统初次加压结束后,由主空气压力开关监控系统压力,压力维持在$(33\sim36)\pm1.5$ psi 之间。系统压力降低至 33 psi,主空气压力开关闭合,起动空气压缩机工作。若此时主空气压力开关无法闭合,则压缩机不会起动,系统压力会继续降低至(31 ± 1.5)psi,触发辅助空气压力开关,起动空气压缩机,为系统加压,由辅助空气压力开关维持系统压力在$(31\pm1.5)\sim(39.5\pm1.5)$psi之间。WSIC监测到辅助空气压力开关被触发后,判定主空气压力开关故障,"Pressure Switch"故障灯常亮。

由于重置水系统后,故障指示灯熄灭,说明空气压力开关无物理故障和安装问题,因此定位该故障原因是两个空气压力开关触发值设计不合理。主空气压力开关闭合位触发值为33 psi,而辅助空气压力开关闭合位触发值是(31 ± 1.5)psi,考虑公差后,两个压力开关闭合位触发值仅相差0.5 psi,系统压力下降过程中,很容易导致辅助空气压力开关触发,水系统界面控制器(WSIC)判定主空气压力开关故障。

7.4.4.3　解决方案

为解决空气压力开关误告警的问题,供应商提出解决方案为更改辅助空气压力开关,更改内容包括:

(1) 将辅助空气压力开关的件号由7601340更改为7601340-1。

(2) 调整辅助空气压力开关的监测范围[压力范围由$(31.5\sim39)\pm1.5$ psi更改为$(29\sim43)\pm2.1$ psi],增加主空气压力开关与辅助空气压力开关触发值差。

(3) 在压力开关内部增加压力缓冲器。

更新后的辅助空气压力开关已分别通过供应商台架试验和104架机地面试验及试飞进行验证,试验及试飞结果表明更换辅助空气压力开关后,系统功能正常,无报故现象。

7.4.4.4　收获及经验教训

ARJ21-700飞机运营过程中发生水/废水系统空气压力开关告警现象的根本原因在于:在设计研发和验证阶段,未充分考虑管路波动及空气压力开关触发值公差对系统的影响,导致两个空气压力开关压力触发值设置不合理;同时,产品公差因个体差异不同,系统研发试飞及地面试验不够充分,导致该问题未能及时发现解决。

因此,后续机型设计研发过程中,存在备份设计的情况时,应该考虑互为备份的两者是否存在控制范围重叠或范围差值过小的问题,是否容易引起误触发,尽量避免上述情况;同时在研发试飞及试验过程中详细规划试飞及试验要求,对存在隐患的参数进行充分验证,尽早暴露问题以便早期得到解决。

7.4.5　水位传感器告警

7.4.5.1　问题描述

2016年1月14日和15日,ARJ21-700飞机106架机执行成都—深圳航班飞行时,在深圳落地加水后,水/废水状态板(WWSP)上水位指示灯不亮(见图7-10),水龙头正常出水;落地后机务检查水系统界面板(WSIP)上FAULT灯亮(见图7-11),水系统界面控制器(WSIC)上水位传感器(Level Sensor)黄灯亮(见图7-12)。机务重置WSIC后故障消失。

图 7-10 水/废水状态板(WWSP)指示状态

图 7-11 水系统界面板(WSIP)故障指示状态

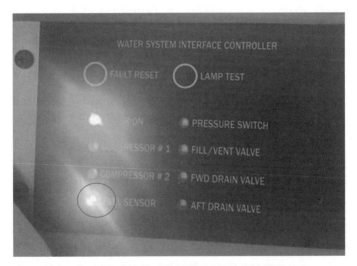

图 7-12 水系统界面控制器(WSIC)故障指示状态

7.4.5.2 问题定位

水箱中设有水位传感器 Level Sensor,传感器根据感应到的液位高度计算水箱内水量,并输出电流信号给水系统界面控制器(WSIC)。当输出电流值在 0.5～20 mA 的范围内时,水量指示为 0～100％;当水位传感器输出电流信号大于 22 mA 时,WSIC 判定该信号超出正常范围,控制 Level Sensor 指示灯常亮,Level Sensor 报故。Level Sensor 报故时,水废水状态板(WWSP)上无水位显示。

由于重置控制器后,水位传感器故障指示消除,且加水过程中水位传感器功能正常,说明水位传感器无物理故障,该现象曾在 105 架机上出现,排除安装使用不当等原因。当水箱处于全满(开始溢流)时,水位传感器输出信号为 23 mA,而水箱加满水之后,飞机在滑行或者爬升时,水箱内液面波动也会导致水位传感器输出信号高于 22 mA,高于水系统界面控制器(WSIC)定义的正常电流信号范围(0～22 mA),造成 Level Sensor 报故,且在液位恢复后,该故障指示无法自动消除。

因此,Level Sensor 报故的原因为水位传感器软件设计不合理,导致水位传感器输出信号与水系统界面控制器(WSIC)定义的正常信号范围不一致。

7.4.5.3 解决方案

为解决水位传感器误告警的问题,经过台架试验的验证,供应商提出更改方案为升级水位传感器软件,更改内容包括:

(1)升级水位传感器软件,软件版本由 38200 - 068SW3 升级为 38200 - 068SW4。

(2)将水位传感器正常输出信号范围由 0～24 mA 更改至 0～20 mA,保证其在正常工作时,输出信号不会超出水系统界面控制器 WSIC 定义的正常信号范围。

(3)水位传感器设备硬件无更改。

更新后的水位传感器已分别通过供应商台架试验和 104 架机地面试验及试飞验证,试验及试飞结果表明水位传感器软件更新之后,水箱处于溢流状态时,水位指示功能正常,无报故现象。

7.4.5.4 收获及经验教训

ARJ21 - 700 飞机运营过程中发生水/废水系统空气压力开关告警现象的根本原因在于:在设计研发和验证阶段,仅通过地面试验验证水位传感器的正常指示功能,并未验证液面波动和溢流情况下水位传感器的指示功能,导致水位传感器软件输出信号范围与水系统界面控制器控制信号范围不匹配的现象未尽早暴露出来;而且后续由于研发试飞不充分,未安排进行水位传感器功能指示相应的水系统研发试飞,导致该问题未能及时发现和解决。

因此,后续机型设计研发过程中,对于水位传感器、超声波液位传感器等信号参数需与控制器中信号参数范围相匹配的设备,应在地面试验或研发试飞中尽可能验证该设备在各个极限工况下的参数范围是否与控制器中的定义相一致,避免由于设备与控制器的参数范围不一致而导致的系统故障或告警。

7.5 科技成果、专利

水/废水系统获得"上海飞机设计研究院科技成果"三等奖 1 项《民用飞机 CCAR - 25.1455 条款的试飞验证方法》。

CCAR - 25.1455 条款试飞验证过程中面临的难点:试飞剖面及试验状态点如何选取;易冻液体排放是否会发生附着并形成结冰;若形成结冰是否会影响飞机气动性能和操稳,是否会对飞行安全造成影响。本科技成果提出了易冻液体排放的试飞方法,依据该试飞方法完成试飞试验、试飞数据采集和分析,并得出对于25.1455条款的符合性结论。该试飞验证方法已在ARJ21-700飞机上成功得到应用,可用于后续机型易冻液体排放试飞验证过程。

参 考 文 献

［1］ 中国民用航空局.CCAR‐25运输类飞机适航标准［S］.北京：中国民用航空局,2013.

［2］ 中国民用航空局.CCAR‐121大型飞机公共航空运输承运人运行合格审定规则［S］.北京：中国民用航空局,2010.

［3］ 美国联邦航空局.FAR‐25 Airworthiness Standards：Transport Category Airplanes［S］.

［4］ 美国联邦航空局.FAR‐121 Operating Requirements：Domestic，Flag，and Supplemental Operations［S］.

［5］ FAA.AC‐25‐7A Flight test guide for certification of transport category airplanes［S］.2002.

［6］ FAA.AC‐25‐9A Smoke Detection，Penetration，and Evacuation Tests and Related Flight Manual Emergency Procedures［S］.2002.

［7］ FAA.AC‐25‐19 Certification Maintenance Requirements［S］.2002.

［8］ FAA.AC‐25‐20 Pressurization，Ventilation and Oxygen Systems Assessment for Subsonic Flight，Including High-Altitude Operation［S］.2002.

［9］ FAA.AC‐25‐22 Certification of Transport Airplane Mechanical Systems［S］.2002.

［10］ FAA.AC‐25.1309‐1A System Design and Analysis［S］.2002.

［11］ FAA.AC‐120‐38 Transport Category Airplanes Cabin Ozone Concentrations［S］.2002.

［12］ 美国军用标准.MIL‐HDBK‐217 Reliability Prediction of Airborne Equipment［S］.1990.

［13］ 美国军用标准.MIL‐STD‐810E Environmental Testing Methods and Engineering Guidelines［S］.1989.

［14］ 美国军用标准.MIL‐HDBK‐217F Reliability Test Methods［S］.

［15］ 美国无线电协会.DO‐160D Environmental Conditions and Test Procedures for Airborne Equipment［S］.2004.

[16] 美国无线电协会. DO－178B Software Considerations in Airborne Systems and Equipment Certification [S]. 1992.

[17] 美国航空电子工程委员会. ARINC429 Mark 33 Digital Information Transfer System (DITS) [S]. 1977.

[18] 国际自动机工程师学会. SAE ARP 85E Air Conditioning Systems for Subsonic Airplanes [S]. 1991.

[19] 国际自动机工程师学会. SAE ARP 699E High Temperature Pneumatic Duct Systems for Aircraft [S]. 1997.

[20] 国际自动机工程师学会. SAE ARP 908 Torque Requirements, Installation and Qualification Test. Hose and tube fitting [S]. 1968.

[21] 国际自动机工程师学会. SAE ARP 986 Guide for qualification testing of Aircraft Valves ARP 1870 Aerospace Systems Electrical Bonding and Grounding for Electromagnetic Compatibility and Safety [S]. 1990.

[22] 国际自动机工程师学会. SAE ARP 4754 Certification Consideration for Highly-Integrated or Complex Aircraft Systems [S]. 2010.

[23] 国际自动机工程师学会. SAE ARP 4761 Safety Assessment Process Guideline and Methods [S]. 1996.

索　引

B

冰风洞试验　84

C

舱内噪声　22

D

低压管路　18

F

防冰除雨系统　1

符合性验证　12

负释压　52

负压差　2

G

干空气　78

高高原　52

高湿热　10

隔热层　156

H

豁免　59

J

结冰气象条件　65

K

空调系统　1

空气分配　1

空气压力开关　176

快速加温　9

快速冷却　9

M

面罩抛放　107

模拟降雨　79

Q

气源系统　1

区域安全性　118

S

水/废水系统　1

水滴直径　88

水位传感器　186

W

温度包线　10

温度振荡　153

稳态加温　15

稳态冷却　10

X

泄漏　18

Y

压调系统　　1

氧分压　　51

氧气系统　　1

液态水含量　　79

易冻液体排放　　183

应急下降　　58

预增压　　58

Z

正释压　　52

自然结冰　　80

大飞机出版工程
书　目

一期书目（已出版）

《超声速飞机空气动力学和飞行力学》（译著）

《大型客机计算流体力学应用与发展》

《民用飞机总体设计》

《飞机飞行手册》（译著）

《运输类飞机的空气动力设计》（译著）

《雅克-42M 和雅克-242 飞机草图设计》（译著）

《飞机气动弹性力学和载荷导论》（译著）

《飞机推进》（译著）

《飞机燃油系统》（译著）

《全球航空业》（第2版）（译著）

《航空发展的历程与真相》（译著）

二期书目（已出版）

《大型客机设计制造与使用经济性研究》

《飞机电气和电子系统——原理、维护和使用》（译著）

《民用飞机航空电子系统》

《非线性有限元及其在飞机结构设计中的应用》

《民用飞机复合材料结构设计与验证》

《飞机复合材料结构设计与分析》（译著）

《飞机复合材料结构强度分析》

《复合材料飞机结构强度设计与验证概论》

《复合材料连接》

《飞机结构设计与强度计算》

三期书目（已出版）

《适航理念与原则》

《适航性：航空器合格审定导论》（译著）

《民用飞机系统安全性设计与评估技术概论》（第2版）

《民用航空器噪声合格审定概论》

《机载软件研制流程最佳实践》

《民用飞机金属结构耐久性与损伤容限设计》

《机载软件适航标准 DO‐178B/C 研究》

《运输类飞机合格审定飞行试验指南》（编译）

《民用飞机复合材料结构适航验证概论》

《民用运输类飞机驾驶舱人为因素设计原则》

四期书目（已出版）

《航空燃气涡轮发动机工作原理及性能》（第2版）

《航空发动机结构强度设计问题》

《航空燃气轮机涡轮气体动力学：流动机理及气动设计》

《先进燃气轮机燃烧室设计研发》

《航空燃气涡轮发动机控制》

《航空涡轮风扇发动机试验技术与方法》

《航空压气机气动热力学理论与应用》

《燃气涡轮发动机性能》（译著）

《航空发动机进排气系统气动热力学》

《燃气涡轮推进系统》（译著）

《燃气涡轮发动机的传热和空气系统》

五期书目（已出版）

《民机飞行控制系统设计的理论与方法》

《民机导航系统》

《民机液压系统》（英文版）

《民机供电系统》

《民机传感器系统》

《飞行仿真技术》

《民机飞控系统适航性设计与验证》

《大型运输机飞行控制系统试验技术》

《飞行控制系统设计和实现中的问题》（译著）

《现代飞机飞行控制系统工程》

六期书目（已出版）

《民用飞机构件先进成形技术》

《民用飞机热表特种工艺技术》

《航空发动机高温合金大型铸件精密成型技术》

《飞机材料与结构检测技术》

《民用飞机构件数控加工技术》

《民用飞机复合材料结构制造技术》

《民用飞机自动化装配系统与装备》

《复合材料连接技术》

《先进复合材料的制造工艺》（译著）

七期书目（已出版）

《支线飞机设计流程与关键技术管理》

《支线飞机验证试飞技术》

《支线飞机电传飞行控制系统研发及验证》

《支线飞机适航符合性设计与验证》

《支线飞机市场研究技术与方法》

《支线飞机设计技术实践与创新》

《支线飞机项目管理》

《支线飞机自动飞行与飞行管理设计与验证》

《支线飞机电磁环境效应设计与验证》

《支线飞机动力装置系统设计与验证》

《支线飞机强度设计与验证》

《支线飞机结构设计与验证》

《支线飞机环控系统研发与验证》

《支线飞机运行支持技术》

《ARJ21-700新支线飞机项目发展历程、探索与创新》

《飞机运行安全与事故调查技术》

《基于可靠性的飞机维修优化》

《民用飞机实时监控与健康管理》

《民用飞机工业设计的理论与实践》